Forschungsreihe der FH Münster

Die Fachhochschule Münster zeichnet jährlich hervorragende Abschlussarbeiten aus allen Fachbereichen der Hochschule aus. Unter dem Dach der vier Säulen Ingenieurwesen, Soziales, Gestaltung und Wirtschaft bietet die Fachhochschule Münster eine enorme Breite an fachspezifischen Arbeitsgebieten. Die in der Reihe publizierten Masterarbeiten bilden dabei die umfassende, thematische Vielfalt sowie die Expertise der Nachwuchswissenschaftler dieses Hochschulstandortes ab.

Jochen Heming

Aufbau einer Arbeitgebermarke in Handwerksbetrieben der Baubranche

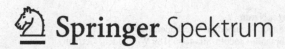

Jochen Heming
FH Münster
Deutschland

Forschungsreihe der FH Münster
ISBN 978-3-658-18124-6   ISBN 978-3-658-18125-3   (eBook)
DOI 10.1007/978-3-658-18125-3

Die Deutsche Nationalbibliothek verzeichnet diese Publikation in der Deutschen National-
bibliografie; detaillierte bibliografische Daten sind im Internet über http://dnb.d-nb.de abrufbar.

Springer Spektrum

Gedruckt auf säurefreiem und chlorfrei gebleichtem Papier

Springer Spektrum ist Teil von Springer Nature
Die eingetragene Gesellschaft ist Springer Fachmedien Wiesbaden GmbH
Die Anschrift der Gesellschaft ist: Abraham-Lincoln-Str. 46, 65189 Wiesbaden, Germany

Inhaltsverzeichnis

Abbildungsverzeichnis

Tabellenverzeichnis

1. Einführung

Sprichwörtlich heißt es, dass die Kehrseite einer Medaille die weniger anschauliche Seite einer solchen ist. Ist es möglich, dass eine Medaille gleich zwei dieser Kehrseiten besitzt? Diese Frage stellt sich bei der Betrachtung der momentanen Entwicklung des Arbeitsmarktes, hinsichtlich der vorherrschenden Arbeitslosenzahlen und der rasch ansteigenden Vakanzen auf dem Arbeitsmarkt. Derzeit wird die Erwerbslosigkeit in Deutschland mit 4,5 % beziffert. Umgerechnet auf die erwerbsfähigen Personen ergibt sich somit eine Anzahl von 1,89 Mio. Erwerbslosen. Dem gegenüber stehen 640.000 offene Stellen, die aufgrund von hypothetisch beklagtem Fachkräftemangel, nicht besetzt werden können.[1] Insbesondere kleine und mittelständische Unternehmen, welche einen großen Anteil im Bauwesen ausfüllen, sind aufgrund von fehlenden Möglichkeiten der Produktionsverlagerung vom angesprochenen Fachkräftemangel betroffen.[2]

Möchte man nun der einschlägigen Fachliteratur und den unzähligen Berichten über den zentralen Erfolgsfaktor eines Unternehmens, dem Mitarbeiter, Glauben schenken, so ist der Mangel an Fach- und Führungskräften bei vielen Unternehmen eine regelrechte Wachstumsbremse. Willi Fuchs, Direktor des Verbandes Deutscher Ingenieure (VDI) betitelt den Fachkräftemangel sogar als „Investitionshemmnis Nummer eins in Deutschland".[3] Um genau diesem Hemmnis entgegenzutreten und sich mit dem demographischen Wandel zu bewegen, ist zum einem die Gewinnung und zum anderen die längerfristige Bindung von Fach- und Führungskräften, also dem Aufbau einer attraktiven Arbeitgebermarke (Employer Brand), der zentrale Schlüssel für Unternehmen sich gegenüber seinen Mitbewerbern hervorzuheben. Letztendlich geht es darum, Erkenntnisse aus dem Produktmarketing auch auf kleine und mittelständische Unternehmen in deren Funktion als Arbeitgeber umzustrukturieren, sodass diese als attraktiver Arbeitgeber auf dem Arbeitsmarkt wahrgenommen werden. Die daraus resultierende positive Wahrnehmung der Arbeitgebermarke soll langfristig

---

1   Vgl.   https://www.destatis.de/DE/ZahlenFakten/GesamtwirtschaftUmwelt/Arbeitsmarkt
      (Abrufdatum: 25.05.2016).
2   Vgl. Zirnsack (2008) S.1.
3   Vgl. Grubendorfer, Kriegler (2006) S. 5 ff.

potentielle Mitarbeiter werben, gewonnene Mitarbeiter halten und somit schließ-
lich Unternehmenserfolg gewährleisten.

1.1   Problemstellung und Relevanz des Themas

In Deutschland ist aufgrund von demografischen Entwicklungen und den damit
verbundenen strukturellen Veränderungen ein deutlicher Bedeutungszuwachs
von Employer Branding Maßnahmen zu verzeichnen. Nicht zuletzt der Wandel
von Wertevorstellungen hinsichtlich des Arbeitslebens und die damit einhergehenden Veränderungen der sozialen Gesellschaft führen zu weitreichenden
Diskussionen über den Fach- und Führungskräftemangel.

Anlässlich des erwähnten und von Prognosen bestätigten, stark zuneh-
menden Fach- und Führungskräftemangels wird im Verlaufe dieser Arbeit das
Employer Branding, welches die Entwicklung, Positionierung, Umsetzung und
Führung einer Arbeitgebermarke zur Mitarbeitergewinnung und Mitarbeiterbindung beschreibt, vorgestellt. Ein derartiges Vorgehen, konsequent eine Mitarbeitermarke zu generieren, und sich als Unternehmen auf dem Arbeitsmarkt attraktiv gegenüber potentiellen Bewerbern und bestehenden Mitarbeitern zu positionieren, soll nicht zuletzt ein ausschlaggebendes Instrument im allseits zi-
tierten „War-of-Talents" darstellen.

1.2   Vorgehensweise und Aufbau der Arbeit

Um den Lesern dieser Arbeit ein allgemeines Grundverständnis gegenüber der
genannten Thematik zu vermitteln, erfolgt im ersten Abschnitt der Thesis die
Vermittlung von entscheidenden theoretischen Grundlagen. Dazu zählt unter
anderem die Definition von verwendeten Fachbegriffen, eine Vermittlung von
Grundkenntnissen des geschichtlichen Hintergrundes sowie verschiedene
Gründe, welche zum strukturellen Wandel und der damit verbundenen Entwicklung des Personalmarktes führen. Im Anschluss an die Nennung der theoretischen Ziele werden Funktionen und Wirkungsweisen aus den entscheidenden
Sichtweisen, des Arbeitgebers wie auch des Arbeitnehmers oder des potentiellen Bewerbers erläutert. Dies soll dem Leser einen Aufschluss über die differenzierten Sichtweisen vermitteln um ihn einerseits bezüglich der Thematik der

unterschiedlichen Ansichten zu sensibilisieren und andererseits das Verständnis gegenüber beiden Parteien zu maximieren. Weitergehend werden die aufeinanderfolgenden Entwicklungsphasen, welche auf dem Weg zur erfolgreichen Arbeitgebermarke durchlaufen werden sollten, anhand einer ausgiebigen Literaturrecherche genauer beschrieben. Dieses Vorgehen soll den angestrebten Vergleich zwischen den vorgestellten theoretischen Maßnahmen sowie den Maßnahmen, welche in der gelebten Praxis durchgeführt werden, verdeutlichen. Um hier einen exakten Aufschluss zu gewinnen, wurden im Vorfeld Unternehmen der Baubranche persönlich oder per Online-Fragebogen befragt. Anhand der ausgewerteten Umfragen und den hierdurch gewonnenen Erkenntnissen, wird zum Ende dieser Arbeit eine Checkliste mit Handlungsempfehlungen, welche speziell für die Anwendung für Unternehmen der Baubranche gelten, erarbeitet.

Das Thema der Arbeit wurde in Verbindung mit der Handwerkskammer (HWK) Münster ausgearbeitet und in anschließenden Gesprächen weiter konkretisiert. Hierbei wurde der Kern der Arbeit schnell definiert. Die Erstellung der oben genannten Checklisten soll der HWK Münster im späteren als Ergänzung der bisher bestehenden Informations- und Beratungsinstrumente dienen.

1.3 Zielsetzung der Arbeit

Die vorliegende Arbeit thematisiert die Voraussetzungen, Wirkungsfelder, Prozessschritte und die Verbreitung einer Employer Brand in Handwerksbetrieben der Baubranche. Mit dem Hintergrundwissen, dass große Unternehmen die Thematik erkannt und im viel diskutierten „War of Talents" große Summen investieren, wird im weiteren Verlauf der Arbeit der Horizont insbesondere auf kleine und mittelständige Unternehmen der Branche begrenzt. Hierzu werden die aufkommenden, unternehmerischen Herausforderungen des demografischen Wandels bei der Gewinnung und Bindung von Fach- und Führungskräften aufgezeigt. Weitergehend soll der Vergleich von theoretisch vermittelten Grundlagen zu den in der Praxis gelebten Maßnahmen als Grundlage für die zu erarbeitenden Checklisten dienen. Das Ziel dieser Checklisten stellen die Vereinbarkeit von theoretischen Maßnahmen und praktikablen Anwendungen, die speziell von kleinen und mittelständigen Unternehmen praktikabel angewendet werden können, dar.

2 Employer Branding – Theoretische Grundlagen

Das bisherige Standardprozedere eines Bewerbungs- und Einstellungsverfahren sah das Aufgeben einer Anzeige mit genauer Beschreibung der vakanten Stelle vor. Die daraufhin erhaltenen Bewerbungen wurden grob selektiert und anschließend eine engere Auswahl zu einem persönlichen Vorstellungsgespräch eingeladen. Am Ende des Verfahrens wurde der Bewerber mit den vielversprechendsten Resultaten aus dem Bewerbungsverfahren eingestellt. Bislang lag die größte Herausforderung darin, die valide Auswahl des Richtigen zu treffen und nicht darin, potentielle Bewerber auf dem Arbeitsmarkt suchen zu müssen. Bei Vakanzen mit höheren Ansprüchen an die Bewerber hat man auf die Erfahrung von externen oder in größeren Unternehmen auch internen Personalberatern zurückgegriffen.[4] Für viele der offenen Stellen existiert dieses Einstellungsverfahren noch bis heute. Für Positionen in Schlüssel- oder Engpassfunktionen, vorwiegend in den technischen und naturwissenschaftlichen Bereichen, funktioniert dieses Verfahren jedoch nur noch sehr eingeschränkt. In diesen Bereichen entscheidet nicht mehr der Arbeitgeber über eine etwaige Anstellung, sondern hier entscheidet der Bewerber darüber, welches Angebot er von welchem Arbeitgeber annehmen möchte. Demzufolge findet seit Jahren eine Verschiebung der Machtverhältnisse auf dem Arbeitsmarkt statt, aufgrund derer nicht nur der Bewerber, sondern auch das Unternehmen als Arbeitgeber sich von einer guten Seite präsentieren sollte. In diesem Zusammenhang steht zweifelsohne auch die Kommunikation solcher Vorzüge, die ein Arbeitgeber vorweisen kann.[5]

2.1 Begriffsdefinition

Aufgrund vieler Gemeinsamkeiten der differenzierten Fachbegriffe im Bereich des Employer Brandings, werden diese im nachfolgenden Kapitel genauer definiert, um einen unmissverständlichen Gebrauch zu gewährleisten. Ziel dabei

---

4   Vgl. Trost (2009) S.13.
5   Vgl. Ebd.

ist es, die wichtigsten Begriffe wie Marke, Image, Arbeitgeberimage, Arbeitgebermarke, Unternehmensimage usw. zu erläutern und später einen gemeinsa-
men Zusammenhang herzustellen. Ferner soll durch die nachfolgende Definition der Begrifflichkeiten eine fehlerhafte Zuordnung vermieden werden, um die
Lesbarkeit sowie das Verständnis dieser Arbeit zu erleichtern.

2.1.1 Marke

Innerhalb der Marketingbranche wird eine Marke (Brand) häufig als das mit einem Produkt oder einem Hersteller verbundene, wahrgenommene Mehrwert-
versprechen definiert.[6] Eine Marke ist somit die in den Köpfen verankerte Antwort auf die Frage, warum man sich für ein bestimmtes Produkt oder einen ganz
bestimmten Hersteller entscheiden soll. Diese Entscheidung für eine Marke beruht darauf, dass dem Konsumenten Unsicherheiten genommen werden sollen.
Findet man sich beispielsweise in der Situation wieder, ein bestimmtes Produkt
erwerben zu wollen, dies jedoch in der Menge angebotener Dabei ist es höchst
unwahrscheinlich, dass der Konsument anfängt systematisch die Inhaltsstoffe
der angebotenen Produkte zu vergleichen. In solchen Momenten greifen Konsumenten auf Hinweise zurück, die ihnen bereits zur Verfügung stehen. Ein sehr
dominanter Hinweis stellt die Marke dar, welche aus positiven Rezensionen aus
dem Familien- oder dem Bekanntenkreis oder gar den verschiedensten Medien
bereits bekannt ist. Der Bekanntheitsgrad gibt dem Konsumenten ein Gefühl der
Sicherheit, obwohl dieser selbst das Produkt nie getestet hat. Hierbei entscheidend ist die menschliche Intuition, das Gefühl welches sich ausbreitet, wenn an
ein gewisses Produkt gedacht wird.

2.1.2 Arbeitgebermarke - Employer Brand

Im deutschsprachigen Raum wird Employer Brand oftmals frei mit dem Begriff
der Arbeitgebermarke übersetzt. Bereits seit den 1990er Jahren ist der Begriff
Employer Brand in Deutschland weitestgehend etabliert. Die Begriffe werden
somit Synonym verwendet. Employer Brand oder Arbeitgebermarke soll das
Image des Arbeitgebers durch eine strategische Ausrichtung am Markt prägen.

6　　Vgl. Brandmeyer, Pirck, Pogoda, Prill (2008) S. 71 f.

In gewisser Weise unterscheidet sich die Arbeitgebermarke nicht viel von der Produktmarke, welche sicherlich einen weitaus höheren Bekanntheitsgrad in der Öffentlichkeit erlangt hat. Eine Produktmarke soll die Aufmerksamkeit des Kunden auf ein bestimmtes Produkt lenken. Ähnliche Ziele werden durch das Erlangen einer Arbeitgebermarke verfolgt. Hier wird versucht, die Aufmerksamkeit einer Zielgruppe gezielt auf die Wahrnehmung einer Organisation als Arbeitgeber zu lenken. Dementsprechend soll die so erlangte Marke eines Arbeitgebers die Frage nach dem Warum beantworten. Warum soll sich ein talentierter, qualifizierter und motivierter potentieller Arbeitnehmer gerade für dieses Unternehmen interessieren und sich bewerben wollen? Eine Antwort auf diese Frage kann aus dem Kern der Arbeitgebermarke und dem Arbeitgeberversprechen resultieren. Dieses Versprechen gilt im Fachjargon auch als Employer Value Proposition (EVP), welches dem bekannteren Alleinstellungsmerkmal des Produktmarketings, dem Unique Selling Proposition (USP), hinsichtlich seiner Bedeutung sehr ähnelt.[7]

Daraus resultiert, dass das Thema Markengründung nicht nur innerhalb des Produktmarketings besteht, sondern zudem auch auf dem Personalmarkt immer mehr an Relevanz dazugewinnt. Die Arbeitgebermarke gilt als der Differenzierungsfaktor zur Erlangung eines Wettbewerbsvorteils gegenüber Mitbewerbern. Demzufolge müssen sich heutige Unternehmen zu einer eigenen Arbeitgebermarke, einem Employer Brand, entwickeln, um langfristig am Markt konkurrieren zu können. In diesem Sinne ist das Employer Brand ein entscheidender Teil der gesamten strategischen Unternehmensführung und knüpft stark an die Corporate Brand, die Gesamtheit des Unternehmens in ihrer Wirkung als Marke, an.

Employer Value Proposition (EVP): „Gesamtheit der Merkmale, die der Arbeitsmarkt und die Mitarbeiter als Nutzen betrachten, den die Anstellung in einem Unternehmen mit sich bringt."[8]

Unique Selling Proposition (USP):   Geben und Einhalten eines unverwechselbaren und einzigartigen Nutzenversprechens, welches Mitbewerber nicht ohne weiteres nachahmen können.[9]

---

7   Vgl. Trost (2009) S.14 ff.
8   Vgl. Kriegler (2012) S.169.
9   Vgl. Görg (2010) S. 40 f.

2.1.3 Employer Branding

Aufgrund einer Vielzahl von vorherrschenden Definitionen des Begriffs Employer Branding gibt es keine eindeutige und einzig richtige Definition der Vokabel. Um im Verlauf dieser Arbeit jedoch eine eindeutige Verwendung zu gewährleisten, wurde die wohl am häufigsten verwendete Begriffsdefinition von der Deutschen Employer Branding Akademie (DEBA) aus dem Jahre 2008 herangezogen. Diese definiert Employer Branding wie folgt:

„Employer Branding ist die identitätsbasierte, intern wie extern wirksame Entwicklung und Positionierung eines Unternehmens als glaubwürdiger und attraktiver Arbeitgeber. Kern des Employer Brandings ist immer eine die Unternehmensmarke spezifizierende oder adaptierende Arbeitgebermarkenstrategie. Entwicklung, Umsetzung und Messung dieser Strategie zielen unmittelbar auf die nachhaltige Optimierung von Mitarbeitergewinnung, Mitarbeiterbindung, Leistungsbereitschaft und Unternehmenskultur sowie die Verbesserung des Unternehmensimages. Mittelbar steigert Employer Branding außerdem Geschäftsergebnis sowie Markenwert"[10]

Daraus geht hervor, dass das Employer Branding eine unternehmensstrategische Maßnahme ist, welche stark an die Konzepte von bestehenden Produktmarken erinnert. So kann ein Unternehmen sich durch strategische Maßnahmen als attraktiver Arbeitgeber darstellen und sich gegenüber den Wettbewerbern besser positionieren. Ziel des Ganzen ist das positive gestaltete Image, um so von potentiellen Bewerbern als attraktiver Arbeitgeber wahrgenommen zu werden. Doch das positiv gewonnene Image wirkt nicht nur extern auf die Rekrutierung potentieller Bewerber, sondern auch intern auf Retention und Development der bereits beschäftigten Mitarbeiter des Unternehmens.

---

10 Deutsche Employer Branding Akademie (Abrufdatum: 17.04.2016).

2.1.4 Unternehmensimage und Arbeitgeberimage

Image wird als das Bild oder der Eindruck, den die Öffentlichkeit von einer Person oder einer Sache hat, bezeichnet. Es ist historisch und entsteht aus Stereotypen[11] und gesellschaftlichen Vorurteilen durch das, was moderne Medien uns vermitteln. Demnach ist das Unternehmensimage das Image eines Unternehmens in der Öffentlichkeit, entsprechend dem, wie das Unternehmen als Ganzes von der Öffentlichkeit angesehen wird. Daneben stellt das Arbeitgeberimage auf die Eigenschaften als Arbeitgeber im Speziellen ab. Es bezeichnet die Wahrnehmung einer Organisation als Arbeitgeber in den jeweils subjektiven bedeutsamen Eigenschaften.[12] Durch strategisches und organisiertes Vorgehen, welches nicht zuletzt Teil eines ganzheitlichen Employer-Branding-Prozesses ist, kann ein solches Arbeitgeberimage gezielt gesteuert werden. Dabei spielen zwei wesentliche Aspekte eine zentrale Rolle:

- Die subjektive Bedeutung der einzelnen arbeitgeberbezogenen Eigenschaften
- Die ebenso subjektiv wahrgenommene Ausprägung der jeweiligen Eigenschaften bei der zu beurteilenden Organisation

2.1.5 Arbeitgeberattraktivität

Die Arbeitgeberattraktivität beschreibt die Qualität eines Unternehmens, sich im Bereich des Personalmanagements vorteilhaft zu positionieren. Durch das somit steigende Image des Arbeitgebers auf dem umkämpften Arbeitsmarkt, gewinnt dieser weiter an Attraktivität. Um sich innerhalb der Gesellschaft als attraktiver Arbeitgeber zu präsentieren, sollten folgende Faktoren berücksichtigt werden:

- Hygienefaktoren:
  - Bewerbungsverfahren

---

11 Ein Stereotyp bezeichnet eine Beschreibung von Personen oder Gruppen, die einprägsam und bildhaft ist und einen als typisch behaupteten Sachverhalt vereinfacht auf diese bezieht.

12 Vgl. Scheidtweiler: „Arbeitgeberattraktivität", unter: http://www.employer-branding-now.de/employer-branding-wiki-lexikon/arbeitgeberattraktivitaet-employer-branding-wiki (Abrufdatum: 25.05.2016).

- o Gehalt

- o Betriebliche Sozialleistungen

- o Arbeitszeiten

- Motivierende Faktoren:

  - o Karrierechancen

  - o Betriebliches Gesundheitsmanagement

  - o Vereinbarkeit von Familie, Freizeit und Beruf (Work-Life-Balance)

  - o Diversity Management (Individualbehandlung von Mitarbeitern)

Weiterhin werden zunehmend Faktoren der Unternehmenskultur sowie die Werte, für die ein Unternehmen steht, miteinbezogen.[13] Aufgrund einer Vielzahl von unterschiedlichen Interessensgruppen ist es schwer „Der" attraktive Arbeitgeber zu werden. Beispielsweise haben ältere Mitarbeiter aufgrund verschiedener Interessenslagen andere Vorstellungen eines angenehmen Arbeitsplatzes als jüngere Arbeitnehmer. Des Weiteren haben Frauen eine prinzipiell andere Einstellung gegenüber der Verbindung zwischen Karrierechancen und der Familiengründung als Männer. Die angesprochene Arbeitgeberattraktivität kann vor allem durch nachhaltige Kommunikation innerhalb eines Unternehmens hergestellt und gesteigert werden. Dies kann darauf zurückgeführt werden, dass Mitarbeiter in Entscheidungsprozesse mit eingebunden werden und so ein Zusammenhalt innerhalb des Unternehmens entsteht. Dieser Zusammenhalt wird durch Mund-zu-Mund-Propaganda und über einschlägige Bewertungsportale nach außen getragen und dort von Interessenten positiv wahrgenommen. Dies hat den Vorteil, dass Mitarbeiter stark an das Unternehmen gebunden werden. Ein weiterer Vorteil ergibt sich aus der Wahrnehmung der Reputation des potentiellen Bewerbers, wodurch sich hervorragende Möglichkeiten für das jeweilige Unternehmen auf dem Arbeitsmarkt bilden. Die zuvor gewonnene Erkenntnis verdeutlicht, dass die Arbeitgeberattraktivität im Grunde eines der wichtigsten Werte eines Unternehmens, im Zuge des Employer Brandings, sein sollte.

---

13   Vgl. Scheidtweiler: „Arbeitgeberattraktivität", unter: http://www.employer-branding-now.
de/employer-branding-wiki-lexikon/arbeitgeberattraktivitaet-employer-branding-wiki (Abrufdatum: 25.05.2016).

Letztendlich kann ein gutes internes Betriebsklima, welches durch Zusammenarbeit von motivierten und talentierten Mitarbeitern aufrechterhalten wird, zu weitreichenden, positiven Ergebnissen führen.[14]

2.2 Historische Entwicklung

Einen Anstoß für das heutige Employer Branding gab es bereits in den frühen 1960er Jahren.[15] Erste Erkenntnisse wurden gewonnen, dass der Schwerpunkt eines Unternehmens nicht nur auf dem Absatzmarkt liegen darf, sondern die Aufmerksamkeit auch auf dem Arbeitsmarkt liegen sollte. In den 1970er Jahren begannen anschließend Diskussionen, in denen es im Sinne des Employer Brandings zielgerichteter darum ging, seinen Mitarbeitern und Bewerbern einen Arbeitsplatz im Sinne eines Produktes verkaufen zu müssen.[16] Somit wurde der Grundgedanke des Produktmarketing auf den Bereich des Personalmanagements übertragen. Dies hat jedoch zur Folge, dass der Konkurrenzkampf zwischen Unternehmen, welcher auf dem Absatzmarkt herrscht, ebenfalls auf den Personalmarkt übertragen wird. Durch die gute Positionierung auf dem Personalmarkt und den hierdurch gewonnenen Wettbewerbsvorteil gegenüber konkurrierenden Unternehmen, lässt sich die Bedürfniserfüllung der Zielgruppe optimieren.[17] Die zu diesem Zeitpunkt neuen Erkenntnisse fanden jedoch vorerst erstaunlich wenig Beachtung.

Erste wirklich wissenschaftliche Quellen aus den 1990er Jahren belegen die verstärkte Auseinandersetzung mit der Bedeutung von Unternehmensmarken. Die erstmalige Auseinandersetzung hatte zur Folge, dass Arbeitnehmer sich besser mit Ihrem Arbeitgeber identifizieren konnten und dieser effektiver im Wettbewerb um neue Talente agieren konnte. Erstmalig wurden die zuvor getrennt behandelten Themen des Personalmanagements und das der Marken-

---

14 Vgl. Scheidtweiler: „Arbeitgeberattraktivität", unter: http://www.employer-branding-now.de/employer-branding-wiki-lexikon/arbeitgeberattraktivitaet-employer-branding-wiki (Abrufdatum: 25.05.2016).
15 Vgl. Bartscher (2012) S. 362.
16 Vgl. Stotz, Wedel (2009) S. 12.
17 Vgl. Ebd.

führung 1996 durch Mosley und Barrow in einen Zusammenhang gebracht sowie in ein Gesamtkonzept zusammengeführt.[18] Dies führte auch in der Praxis zu einer verstärkten Beachtung und einem großem Handlungsbedarf. Speziell in den letzten Jahren ist die Fülle an praxisorientierten Beiträgen in Medien und Zeitschriften enorm gestiegen. Welche Hintergründe, hierbei für den Bedeutungszuwachs von Employer Branding eine Rolle spielen, wird in den nachfolgenden Kapiteln genauer erläutert.

2.3   Struktureller Wandel und Entwicklung

Aufgrund der Entwicklung und zahlreichen Veränderungen des Arbeitsmarktes sollen die für die vorliegende Arbeit wichtigsten Begrifflichkeiten und damit einhergehenden Zusammenhänge genauer erläutert werden. Dadurch soll ein möglichst umfangreicher Einblick geschaffen werden, warum das Thema Arbeitgebermarke auf dem Arbeitsmarkt von entscheidender Bedeutung ist und in Zukunft noch weiter an Stellenwert gewinnen wird.

2.3.1 Demografischer Wandel

Der Begriff „Demografischer Wandel" beschreibt die Veränderungen der Zusammensetzung der Altersstruktur einer Gesellschaft. Dabei kann diese Veränderung in positive, als auch in negative, Richtung ausschlagen. Ausschlaggebend für die demografische Entwicklung sind folgende Faktoren:

- Fertilität/ Geburtenrate

- Lebenserwartung

- Wanderungssaldo[19]

Um eine solche Entwicklung zu verfolgen und zu dokumentieren, stellt das statistische Bundesamt eine Fülle an Statistiken über die Arbeitsmarktsituation und die damit verbundene Demografie zur Verfügung. Aktuelle Projektionen zur Entwicklung der Bevölkerung in Deutschland verdeutlichen die bereits bekannten

---

18   Vgl. Sponheuer (2009) S. 5.
19   Vgl. Förderland, unter: http://www.foerderland.de/managen/personal/talentmanagement/
      demographischer-wandel/ (Abrufdatum: 29.05.2016).

Tendenzen: die Bevölkerungszahl und das damit verbundene Potential an erwerbsfähigen Personen nimmt stetig ab.[20] Weiter ausgeführt bedeutet dies, dass sich bis zum Jahr 2060 folgende Entwicklungen abzeichnen werden:

- Anstieg der Lebenserwartung um:

  o Männer: 8 Jahre

  o Frauen: 7 Jahre

- Rückgang der Geburtenzahlen von 2,1 auf 1,36 Kinder pro potenzielle Mutter

- Abnahme der Einwohnerzahl von ca. 82 Mio. auf 65 – 70 Mio. Einwohner[21]

Die damit zwangsläufig rückläufige Zahl an potentiellen Arbeitskräften im erwerbsfähigen Alter sowie die Alterung der geburtenstarken mittleren Jahrgänge stellen eine dementsprechend große Herausforderung für Arbeitgeber dar.

Speziell qualifizierte Fachkräfte, Arbeitnehmer mit abgeschlossener Berufsausbildung, einem Meistertitel oder abgeschlossener Ausbildung zum Techniker- oder Fachwirt, werden in der Zukunft vermehrt fehlen. Gleiches gilt für Führungskräfte, welche Verantwortungen für andere Mitarbeiter tragen und Einfluss auf die Unternehmenspolitik nehmen können. Bei der Betrachtung des demografischen Wandels wird ein durchschnittliches Erwerbsalter von 20 bis 65 Jahren angenommen. Am Jahresende 2015 befanden sich ca. 50 Millionen Menschen in diesem Erwerbsalter. Mit dem derzeit prognostizierten Wandel werden es im Jahr 2060 lediglich noch 36 bzw. 33 Millionen Menschen sein. Der schwankende Wert, der in 2060 erwerbsfähigen Personen, resultiert aus den jeweils angesetzten Zuwanderungszahlen.[22] Buckesfeld mahnt an, dass die aktuelle Personalpolitik vieler klein- und mittelständischen Unternehmen auf ein solches Altern des Fachpersonals nicht oder nur unzureichend vorbereitet sein wird.[23] Aus zuvor genannten Gründen wird die aktive Mitarbeiterbindung sowie Mitarbeitergewinnung zunehmend an Bedeutung gewinnen um sich vor dem

---

20 Vgl. Zirnsack (2008) S. 15.
21 Vgl. Statistisches Bundesamt, 13. Koordinierte Bevölkerungsvorausberechnung (2013).
22 Vgl. Statistisches Bundesamt (Hrsg.): Bevölkerung Deutschlands bis 2060 (2009) S. 13.
23 Vgl. Buckesfeld (2012) S. 13.

Verlust von Know-How und wichtigen Leistungsträgern der Betriebe zu schüt-zen.[24] Daher wird der Aufbau einer Arbeitgebermarke und eine entsprechende Positionierung auf dem Arbeitsmarkt, speziell für Unternehmen, deren Pro-dukte, Marken und Services weniger bekannt sind, eine entscheidende Maß-nahme für kleine und mittelständische Unternehmen sein.

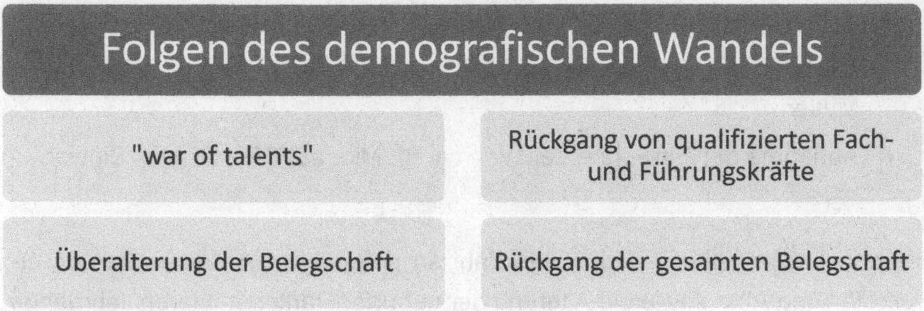

Folgen des demografischen Wandels

"war of talents"	Rückgang von qualifizierten Fach- und Führungskräfte
Überalterung der Belegschaft	Rückgang der gesamten Belegschaft

Abbildung 1: Folgen des demografischen Wandels[25]

2.3.2 Sozialgesellschaftliche Veränderungen

Neben den Veränderungen der sozialen Gesellschaft und denen, die durch den demografischen Wandel hervorgerufen werden, spielt auch eine Veränderung der Grundeinstellung zur Berufstätigkeit eine entscheidende Rolle. In diesem Zusammenhang wird oft von einem Wertewandel bezüglich der Pflichtwerte ge-sprochen. Hierbei handelt es sich beispielsweise um Pflichtwerte wie die An-passungsfähigkeit, Fleiß bis hin zu Werten der Selbstentfaltung.[26] Ein weiterer Faktor für die sozialgesellschaftlichen Veränderungen sind die steigenden Ar-beitnehmeranforderungen an ein Arbeitsverhältnis. Wo einst der Wunsch nach einer langfristigen Beschäftigungsperspektive mit einem geregeltem Einkom-men für ein attraktives Arbeitsverhältnis standen, werden heute Forderungen nach erfüllenden und sinnstiftenden Aufgaben, mehr oder weniger freie Arbeits-zeitteilung und weitreichende Weiterbildungsmöglichkeiten mehr und mehr be-deutsam.[27] Dieser Wandel resultiert nicht zuletzt aus den sich verändernden

---

24   Vgl. Barrow (2006) S. 33.
25   Vgl. Eigene Darstellung in Anlehnung an Immerschmitt, Stumpf (2014), S. 4.
26   Vgl. Böttger (2012) S. 11.
27   Vgl. Hesse (2015) S.89.

Schwerpunkt zwischen dem Arbeitsleben und der Freizeitgestaltung. So verschiebt sich dieser Schwerpunkt stetig weiter in die Freizeit- und Familienorientierung statt in Richtung des Arbeitslebens. In diesem Zusammenhang gerät immerzu der Begriff "Work-Life-Balance", welcher das ausgewogene Verhältnis zwischen Privatleben und Beruf beschreibt, in den Vordergrund. Zudem wächst der Unmut der Beschäftigten über die bestehende, von vielen Arbeitnehmern als zu starr, mit zu hohem Ergebnisdruck und zu viel interner Politik empfundene, Arbeitsweise. Diese orientiert sich in den meisten Fällen an dem klassischen Karrieremodell mit hierarchischen Aufstiegschancen, wodurch für private Beschäftigungen viel Zeit wegfallen würde.[28]

Die zuvor angesprochene Reduzierung des Potentials an Arbeitnehmern ist eine der Ursachen, weshalb Unternehmen unbedingt auf die genannten gesellschaftlichen Änderungen reagieren sollten. Die bestehenden oder vergangenen Machtverhältnisse zwischen Arbeitgeber und Arbeitnehmer werden sich verändern bzw. befinden sich bereits in einer Veränderung. Fachkräfte und akademische Nachwuchskräfte, eben potentielle Bewerber, sind demnach nicht mehr Verkäufer ihrer eigenen Leistung, sondern können auf das steigende Interesse der Unternehmer warten.[29]

2.3.3 Fachkräftemangel

Aufgrund des zuvor genannten demografischen Wandels werden in absehbarer Zeit Probleme bei der Fachkräfteversorgung auftreten.[30] Dadurch, dass weniger Berufseinsteiger sowie Fach- und Führungskräfte auf dem Markt zur Verfügung stehen werden, ist die wirtschaftliche Entwicklung eines Unternehmens gefährdet. In Anbetracht dessen ist die Deckung des Fachkräftebedarfs eine Handlung zur Sicherung der Wettbewerbsfähigkeit. Denn die Auswirkungen des Fachkräftemangels sind für Unternehmen äußerst entscheidend. Gelingt es ihnen über einen längeren Zeitraum nicht, Schlüsselpositionen mit ausgebildeten Fachkräften zu besetzen, verlieren diese Ihre Wettbewerbsfähigkeit.[31] Somit würde das

---

28 Vgl. Werle (2012) S. 94.
29 Vgl. Stotz (2009) S. 47.
30 Vgl. Demary, Erdmann (2012) S. 4.
31 Vgl. Kay, Richter (2010) S. 10.

bereits erwähnte Wachstumshemmnis eintreten, da Absatzmärkte infolge des Fachkräftemangels nicht ausgedehnt oder erschlossen werden könnten.

Unterschieden werden eigens angelernte oder ungelernte Arbeitnehmer von bereits ausgebildeten Fachkräften. Der Unterschied besteht darin, dass die Fachkraft sich über einen bereits erlernten Beruf oder einen höherwertigen Schulabschluss definiert. In diesem Zuge gilt zu sagen, dass der Fachkräftemangel kein Zukunftsszenario darstellt, sondern bereits ein gegenwärtiges Problem ist. Nach einer Studie von Demary und Erdmann stufen ca. 35% der kleinen und mittelständischen Unternehmen in Deutschland den Fachkräftemangel als größte unternehmerische Herausforderung ein.[32] Allerdings gibt es bislang noch keinen flächendeckenden Fachkräftemangel in Deutschland. Jedoch bestehen gerade in einzelnen technischen Berufsfeldern starke Engpässe.[33] Dabei ist der Rückgang der Erwerbsbevölkerung nicht allein als Hauptgrund für den Fachkräftemangel zu sehen. Unternehmen klagen schon seit längerer Zeit über Diskrepanzen zwischen Soll und Ist der Qualitätsanforderungen von Erwerbspersonen.[34] Auch das Berufswahlverhalten der Arbeitnehmer spielt eine große Rolle. Hier sind gerade Berufe aus der MINT Disziplin[35] stark betroffen. Ursachen für eine solche Entwicklung sehen Experten in der mangelnden, auf Naturwissenschaften ausgelegten, Schulbildung. Des Weiteren wird jedoch auch das mangelnde Interesse von Frauen an diesen Studienrichtungen erwähnt.[36] Ein weiterer Nachteil, welcher besonders für KMU gravierende Auswirkungen haben, sind länger andauernde Vakanzen. Aufgrund der geringeren Mitarbeiterzahlen im Vergleich zu Großunternehmen können diese ihre Arbeit nicht ständig im Unternehmen umverteilen. Angesichts geringerer Arbeitsteilungen In angesprochenen KMU, ist der Stellenwert der einzelnen Arbeitsleistung des Mitarbeiters höher als in Großunternehmen.[37]

---

32   Vgl. Kay, Richter (2010) S. 10.
33   Vgl. Aktuelle Fachkräfteengpassanalyse (12/2015) www.statistik.arbeitsagentur.de (Abrufdatum: 07.06.2015).
34   Vgl. Heidemann (2012) S. 4.
35   Berufe aus den Bereichen Mathematik, Informatik, Naturwissenschaften, Technik
36   Vgl. Trost (2012) S. 12.
37   Vgl. Kay, Richter (2010) S. 10.

2.3.4 War of Talents

Der Fachkräftemangel ist eine große Herausforderung für viele Unternehmen. Wie so häufig ist dies aber auch eine Chance für viele, vor allem für hoch qualifizierte Bewerber. Denn je mehr der Fachkräftemangel von Unternehmen befürchtet wird, desto mehr umgarnen sie die Bewerber, wodurch deren Ansprüche, wie hohe Gehälter oder kürzere Wochenarbeitszeiten, steigen.[38] Daraus resultiert, dass es nicht nur schwieriger wird qualifizierte Mitarbeiter zu finden, sondern diese auch langfristig an das Unternehmen zu binden. Gerade die angesprochenen KMU werden künftig stärker damit konfrontiert werden, dass leistungsfähige und qualifizierte Mitarbeiter von größeren Unternehmen der Konkurrenz umworben und sogar abgeworben werden. Die Auswirkung ist bei den meisten Klein- und Mittelständlern, welche ihre Mitarbeiter selbst ausbilden und für höhere Qualifikationen schulen, größer als bei großen Konzernen.[39]

In diesem Zusammenhang wird es Unternehmen nicht mehr möglich sein, sich einzig und allein auf die Gewinnung von Mitarbeitern zu fokussieren. Ebenso wichtig wird die Fragestellung nach der Bindung der bisherigen Mitarbeiter und wie diese langfristig zu motivieren sind. Mit der Abwerbung und dem Ausscheiden jeden Mitarbeiters geht nicht nur Kapital, für Personalbeschaffung und Einarbeitung, sondern auch kostbares Know How des Unternehmens verloren.[40] Weiterhin wird durch eine hohe Fluktuationsrate ein Imageverlust als attraktiver Arbeitgeber hervorgerufen, die aber ebenfalls das interne Betriebsklima durch den häufigen Wechsel von Mitarbeitern negativ beeinflussen wird.[41] Eine Studie des Gallup-Institutes bekräftigt die Aussage, dass nicht nur die Gewinnung von Mitarbeitern, sondern auch die Bindung dieser zu berücksichtigen ist. Aus den jährlichen Umfragen des Gallup-Institutes, welche die emotionale Bindung von Mitarbeitern an das Unternehmen messen soll, geht der sogenannte Engagement-Index hervor. Dieser besagt, dass je niedriger die emotio-

---

38 Vgl. Werle (05.2012), Online unter: http://www.spiegel.de/karriere/berufsstart/fach-kraefte-war-for-talents-und-erwartungen-der-generation-y-a-829778.html (Abrufdatum: 07.06.2016).

39 Vgl. Flato, Reinbold-Scheible (2008) S. 89.

40 Vgl. Jonas (2009), S. 89.

41 Vgl. Knecht (2011), S. 16.

nale Bindung zum Unternehmen ist, desto höher sei die Bereitschaft der Mitarbeiter den Arbeitgeber zu wechseln. Deutschland erzielt bei dieser Umfrage keine positiven Werte. Dies äußert sich darin, dass rund ein Fünftel der Angestellten sich nicht für das Unternehmen engagieren und innerlich bereits gekündigt haben. Lediglich 15 % haben eine hohe emotionale Bindung zum Arbeitgeber und 61 % eine nur schwache Bindung zum Unternehmen.[42] Ursächlich für die fehlende Bindung seien das Führungsverhalten und die mangelnde Personalarbeit innerhalb der Unternehmen, so das Gallup-Institut.

2.3.5 Generationswechsel

Durch die zuvor beschriebenen Kapitel könnte der Eindruck entstehen, dass der strukturelle Wandel des Arbeitsmarktes hauptsächlich auf fehlende Qualifikationen und Quantifikationen zurückzuführen ist. Dem ist aber nicht so. Nicht alleinig die Anzahl der verfügbaren, qualifizierten Arbeitskräfte sinkt, sondern ebenfalls das rasch steigende durchschnittliche Alter der heutigen Belegschaft. Der Annahme folgend, dass der Arbeitskräftebedarf weiterhin konstant bestehen bleibt, werden Unternehmen dazu gezwungen sein, Arbeitnehmern zwischen 50 und 65 verstärkt Bedeutung zukommen zu lassen. Diese Aussage beruht darauf, dass die Potenziale der älteren Arbeitnehmer erschlossen werden müssen, um so das Arbeitskräftepotenzial nachhaltig zu sichern.[43] Daraus resultiert, dass die Notwendigkeit der eigenen betrieblichen Aus- und Weiterbildung an Bedeutung gewinnt, um somit dem voranschreitendem Trend des technologischen Wandels hin zur Informations- und Wissensgesellschaft zu folgen.[44] Mit den zuvor genannten Entwicklungen einhergehend, erhöhen sich auch die Qualifikationsanforderungen an die Mitarbeiter erneut, was wiederum Erschwernisse für Arbeitgeber auf der Suche nach potentiellen Bewerbern darstellt.

---

[42]   Vgl. Gallup (2011b), S. 1f.
[43]   Vgl. Klaffke (2009) S. 14.
[44]   Vgl. Ebd.

2.4   Ziele von Employer Branding

Ein erfolgreiches Employer Branding beabsichtigt die unverwechselbare Wahrnehmung von Zielpersonen auf dem internen und externen Arbeitsmarkt sowie
das damit verbundene Vorstellungsbild zu kreieren und innerhalb der Organisation zu verankern. Als übergeordnetes Ziel lässt sich dabei die Positionierung
als Wunscharbeitgeber, auch Employer of Choice genannt, herausstellen.[45] Im
Zuge dessen, soll Employer Branding die fachlich, wie auch persönlich, besten
potentiellen Arbeitnehmer ansprechen und für das Unternehmen gewinnen. Für
die bereits bestehenden Mitarbeiter gilt, dass diese fester an das Unternehmen
gebunden werden und infolge dessen dem Unternehmen langfristig zur Verfügung stehen. Zusammenfassend lässt sich demnach anführen, dass Employer
Branding im Grunde zwei übergeordnete Ziele verfolgt:

1. Die Gewinnung neuer Mitarbeiter
2. Die feste Bindung bisheriger Mitarbeiter

---

[45]   Vgl. Petkovic (2004) S. 61.

3 Funktion und Wirkungsweise von Employer Branding

Dadurch, dass es sich beim Employer Branding um eine gesamtstrategische Lösung handelt, ergeben sich in vielen Bereichen grundlegende Wettbewerbsvorteile, welche zueinander in Wechselwirkung stehen. Anhand der nachstehenden Funktionen einer Employer Brand, lassen sich diese Wechselwirkungen, wie in Abbildung 2 dargestellt, verdeutlichen:

Abbildung 2: Funktionen und Wirkungsbereiche einer Employer Brand[46]

In den folgenden Abschnitten sollen die Funktionen und Wirkungsweisen des Employer Branding aus den unterschiedlichen Sichtweisen erläutert werden. Dies geschieht aufgrund der Vielzahl an Beteiligten während eines solchen Prozesses, aber nicht zuletzt auch aufgrund der unterschiedlichen Funktionen und Wirkungsweisen, die in den verschiedenen Gruppierungen, welche vom Employer Branding betroffen sind, Einwirkung finden. So entstehen die unterschiedlichen Perspektiven der Marktteilnehmer, welche sich bezogen auf die Arbeitgebermarke, in Arbeitgeber und Arbeitnehmer unterscheiden.

---

46   Bany (2011) S. 31.

3.1   Funktion und Wirkungsweise aus Arbeitgebersicht

Aus Sicht des Arbeitgebers hat die Gründung einer Arbeitgebermarke verschiedene Schwerpunktthemen. In diesen werden jeweils bestimmte Funktionen oder Wirkungsweisen ausgelöst und führen somit zu Chancen für den Arbeitgeber. Folgende Schwerpunkte stehen in Abbildung 3 aufgeführtem Zusammenhang und werden nachfolgend genauer erläutert:

- Präferenzbildung

- Differenzierung

- Kostenreduktion

- Emotionalisierung/Bindungseffekt

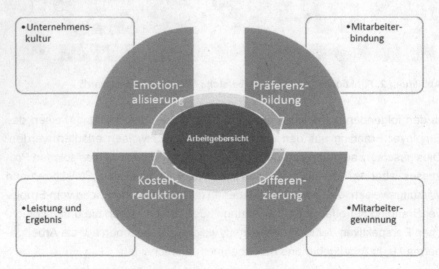

Abbildung 3: Funktionen und Wirkungsbereiche aus Sicht des Arbeitgebers[47]

Präferenzbildung
Die Präferenzbildung bei der Zielgruppe zählt zu den primären Funktionen einer Marke. Dadurch, dass die Anonymität bei der Zielgruppe beseitigt wird, profiliert sich der Arbeitgeber und ermöglicht sich so einen Wettbewerbsvorteil im Kampf

---

47   Eigene Darstellung in Anlehnung an Stotz, Wedel (2009) S. 30.

um Talente.[48] Ziel dieser Profilierungsprozesse ist es, sich als Employer of Choice herauszustellen. Ein solcher Status beschreibt, dass Absolventen und Interessierte auf der Suche nach einer Stelle das Unternehmen und den Arbeitgeber als erste Wahl auswählen.[49] Diese Präferenzbildung spielt jedoch nicht nur eine signifikante Rolle bei zu rekrutierenden Mitarbeitern, sondern ebenfalls bei den bereits vorhandenen Mitarbeitern eines Unternehmens. Die erfolgreich eingeführte Arbeitgebermarke übernimmt wichtige Bindungsfunktionen. Durch die Bindungsfunktionen sinkt die Fluktuationsrate und Kosten aufgrund von Rekrutierung und Einarbeitung können eingespart bzw. gesenkt werden.[50]

Differenzierung
Zusammenhängend mit der Präferenzbildung steht ihre Differenzierungsfunktion. Beide Funktionen sollten zwingend im Zusammenhang betrachtet werden, da eine Differenzierung von der Konkurrenz automatisch eine Präferenzbildung bei der Zielgruppe impliziert. Im Falle der Differenzierung soll der Aufbau einer Marke dafür sorgen, dass sich das Unternehmen bewusst von der Konkurrenz abhebt.[51] Besonders für Unternehmen, welche sich hinsichtlich des Leistungsangebotes wenig oder gar nicht von den Mitbewerbern abheben können, spielt die Differenzierungsfunktion einer Marke eine maßgebliche Rolle.[52] Die steigende Bedeutung von symbolischen Werten, bei fehlender Differenzierung von Wettbewerbern durch funktionelle Aspekte, wird auch in der Markenliteratur bestätigt. So ähneln sich vor allem auf dem Arbeitsmarkt die von außen offensichtlichen organisatorischen Gegebenheiten und Bedingungen für Arbeitnehmer. In Anbetracht dessen übernimmt eine außergewöhnliche Employer Brand eine immer bedeutendere Rolle bei der Arbeitgeberwahl. Durch die Employer Brand bieten sich dem Arbeitgeber Möglichkeiten, die Individualität des Unternehmens, welche nur intern zu beobachten ist, zu kommunizieren.[53]

---

48 Vgl. Andratschke, Regier, Huber (2009) S. 13.
49 Vgl. Petkovic (2004) S. 59f.
50 Vgl. Barrow, Mosley (2005) S. 69f.
51 Vgl. Esch (2003) S. 3.
52 Vgl. Scholz (2000) S. 417f.
53 Vgl. Petkovic (2004) S. 61f.

„Mit dem Imagebegriff als Pendant zum Markenbegriff findet sich die Differenzierungsfunktion auch dort wieder. Sie führt ein einzigartiges Employer Image zu einer Differenzierung von der Konkurrenz hinsichtlich der Wahrnehmung durch die aktuellen Mitarbeiter und Bewerber"[54]

So kann zusammenfassend gesagt werden, dass das Employer Image gestützt von der stetig abnehmenden Differenzierbarkeit der Unternehmen als Arbeitgeber, an Bedeutung gewinnt.

Kostenreduktion

Durch die Bildung einer profilstarken Arbeitgebermarke möchte der jeweilige Arbeitgeber nicht zwangsläufig die Anzahl der eingehenden Bewerbungen erhöhen. Vielmehr möchte dieser, dass die Anzahl geeigneter Bewerbungen von Interessenten aus der definierten Zielgruppe sowie von Personen die aufgrund ihrer Persönlichkeit und ihren Wertevorstellungen bereits zum Unternehmen passen,[55] sich vermehren. Durch das gezielte Employer Branding findet also eine gesteuerte Selektion der Bewerber statt, die zur Senkung der Personalrekrutierungskosten führt. Dies beruht auf dem geringeren Aufwand bei der Sichtung und Bewertung von ungeeigneten Bewerbungen. Ebenfalls von Vorteil für das Finanzwesen ist, dass eine attraktive und bekannte Arbeitgebermarke ein höheres Maß an Initiativbewerbungen von wünschenswerten Interessenten verursacht.[56] Dadurch ergibt sich eine erhöhte Planungssicherheit, welche die Zeit der Vakanz einer Stelle verkürzt und somit ebenfalls die Kosten für die Mitarbeitersuche senkt.[57]

Emotionalisierung / Bindungseffekt

Ein weiteres Markenkonzept wodurch sich ein Arbeitgeber vom bestehenden Markt differenzieren kann, was wiederum für den Employer Branding Prozess zwingend notwendig ist, stellt die Emotionalisierung dar. Hierbei wird das mangelnde kognitiv-rationale Differenzierungsvermögen durch eine emotional aufgeladene Marke kompensiert. Durch die positive, emotionale Arbeitgebermarke

---

54   Vgl. Andratschke, Regier, Huber (2009) S. 14.
55   Vgl. Grobe (2003) S. 74.
56   Vgl. Göggelmann (2004) S. 69.
57   Vgl. Petkovic (2004) S. 8.

steigert sich die Sympathie für das Unternehmen und erhöht die Zufriedenheit bei aktuellen sowie potentiellen Mitarbeitern,[58] was den Zusammenhang der Gegebenheiten aus der Differenzierungsfunktion deutlich macht. Das bedeutet, dass neben den rationalen und sachlichen Gedanken des Mitarbeiters oder des Bewerbers, ebenso Gefühle, Bilder und Emotionen in den Entscheidungsprozess einfließen.[59] Die Annahme, dass der psychologische Nutzen einer Employer Brand im gleichem Maße entscheidend ist wie der eines Produktes oder Services, wird ebenso durch das derzeitige Thema des emotionellen Engagements in der Arbeitswelt bekräftigt. Unter der Betrachtung der zuvor genannten Punkte wird die bestehende Verbindung zwischen allen Markenfunktionen deutlich. So können mit dem Aufbau einer Employer Brand zweierlei gesteckte Ziele erreicht werden. Zum einen sorgt die Emotionalisierung dafür, dass bestehende Mitarbeiter sich langfristiger binden, wodurch das Humankapital gesichert wird. Zum anderen wird die Aufmerksamkeit von potentiellen Bewerbern auf das Unternehmen gelenkt und aufgrund dessen neue Mitarbeiter gewonnen.[60]

Weitere Bindungseffekte ergeben sich aus dem Zugehörigkeitsgefühl zu einer hochangesehenen Firma, wodurch der Mitarbeiter einen höheren Status signalisieren kann. Dies verschafft ihm wiederum einen emotionalen Nutzen. Weiterhin ermöglicht die eingeführte Mitarbeitermarke dem Angestellten die Identifizierung mit der Marke, wodurch dieser zum Markenbotschafter für das Unternehmen zu werden kann. Beide Aspekte führen so zu höherer Zufriedenheit, gesteigerten Motivation und stärkeren Bindung, was den Mitarbeiter loyaler gegenüber seinem Arbeitgeber auftreten lässt. Resultierend aus dem Bindungseffekten ist die sinkende Fluktuationsrate und infolge dessen der Erhalt von Wissensträgern innerhalb der Firma.[61]

---

58 Vgl. Koppelmann (2001) S. 43.
59 Vgl. Petkovic (2007) S. 62f.
60 Vgl. Andratschke, Regier, Huber (2009) S. 16.
61 Vgl. Tomczak (2003) S. 58.

3.2   Funktion und Wirkungsweise aus Sicht des Bewerbers / potentiellen Arbeitnehmers

Da ein erfolgreich durchgeführtes Employer Branding Konzept sowohl auf die bereits bestehenden Mitarbeiter als auch auf potentielle Mitarbeiter und Bewerber Einfluss nimmt, werden diese der Einfachheit halber im nachfolgenden Kapitel getrennt voneinander betrachtet. Folgende Abbildung 4 stellt zunächst die Funktionen und Wirkungsbereiche aus Sicht des Arbeitnehmers dar.

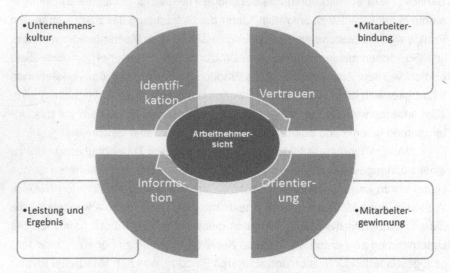

Abbildung 4: Funktionen und Wirkungsbereiche aus Sicht des Arbeitnehmers[62]

3.2.1 Funktionen aus Sicht des Bewerbers

Für den Bewerber ergeben sich die Vorteile einer erfolgreichen Employer Brand aus der Erfüllung spezifischer Bedürfnisse auf der Suche nach einem geeigneten Arbeitgeber, wie aber auch bei der späteren Auswahl des Arbeitgebers.[63] Bei den angesprochenen Bedürfnissen handelt es sich zum einen um die Sicherstellung einer einfachen Informationsübertragung sowie zum anderen um

---

62   Eigene Darstellung in Anlehnung an Stotz, Wedel (2009) S. 33.
63   Vgl. Reizle (2003) S. 811.

eine Reduktion des Risikos. Weiterhin sollten ideelle Nutzenkomponenten durch den zukünftigen Arbeitgeber befriedigt werden.

Die Sicherstellung der einfachen Informationsübertragung beruht darauf, dass das menschliche Gehirn lediglich eine begrenzte Menge an Informationen verarbeiten kann. Durch ein Employer Branding soll der potentielle Bewerber eine Marke als Informationsträger mit der Rolle einer Schlüsselinformation nutzen.[64] So sorgt die Gründung einer Marke für ein sogenanntes „Information chunking".[65] Da der Interessent während der Auseinandersetzung einzelner Unternehmen mit einer erheblichen Informationslast konfrontiert wird, ist dieser aufgrund der Unmöglichkeit einer rationalen Bewältigungsfunktion zu einer vereinfachten Bewältigung der Realität gezwungen.[66] Die dabei hervorgerufene Vereinfachung wird anhand einer aufgestellten Marke bewirkt, welche zur Blockbildung aller funktionalen und emotionalen Informationen führt. Durch eine solche Blockbildung wird der Entscheidungsprozess des Interessenten vereinfacht, da der Suchende die Vielzahl an Information nicht separat analysieren und bewerten muss.[67] Die Komplexitätsreduktion macht eine Entscheidungsfindung transparenter und somit angenehmer für den potentiellen Bewerber. Ein weiterer Vorteil der für den Interessenten durch eine vereinfachte Informationsübertragung entsteht, ist das Kosten, welche bei der Arbeitgebersuche anfallen, gemindert werden. Dies resultiert aus dem reduzierten Such- und Informationsaufwandes und den damit verbundenen anfallenden Kosten.

Zum zuvor genannten Punkt der Risikoreduktion für den Bewerber lässt sich erläutern, dass die Arbeitgebermarke die Unsicherheiten bei der Arbeitgebersuche reduzieren soll. Diese lässt sich aus der Informationsökonomie nach Hirshleifer und Stiegler ableiten. Demnach treten bei allen Transaktionsprozessen zwischen Anbietern und Nachfragern Verhaltensunsicherheiten auf.[68] Weiter wird aufgeführt, dass die Unsicherheit des Nachfragers von seiner Beurteilungsmöglichkeit eines Leistungsangebotes determiniert wird. Dieser Unsicherheit soll mit der Gründung einer Marke und der damit verbundenen Bekanntheit,

---

64 Vgl. Wiese (2005) S. 25.
65 Information chunking beschreibt das Phänomen, dass für Entscheidungen nur wenige der eigentlich verfügbaren Informationen genutzt werden.
66 Vgl. Wiese (2005) S. 26.
67 Vgl. Meffert (2000) S. 42f.
68 Vgl. Bierwirth (2002) S. 71.

Kompetenz und Identität, entgegengewirkt werden. So signalisiert ein Unternehmen, welches als Marke auftritt, bestimmte und gleichbleibend gute Leistungs-
qualität.[69] Der so gewonnene Anschein von Sicherheit und Vertrauen trägt zu
einer erheblichen Risikominderung einer möglichen Fehlentscheidung für den
Bewerber bei.

Der zuvor als letztgenannter Punkt angesprochene Wert der ideellen Nut-
zenkomponenten verhelfen dem Arbeitssuchenden seinen eigenen Marktwert
anzuheben und tragen so zu einer emotionalen Bedürfnisbefriedigung bei.[70]
Dies basiert auf der Tatsache, dass wenn der Bewerber von einem attraktiven
Arbeitgeber ein konkretes Angebot bekommt, dieser auch den Wert der eigenen
Persönlichkeit bzw. der eigenen Arbeitskraft für zukünftige Arbeitgeber steigert.

3.2.2 Funktionen aus Sicht des Arbeitnehmers

Dass ein Mitarbeiter zum Markenbotschafter werden kann, wurde in der vorliegenden Arbeit bereits angeführt. Infolge dessen sollten vorhandene Mitarbeiter
von Beginn an in den Employer Branding Prozess miteinbezogen und in die
Entwicklung der Arbeitgebermarke involviert werden. Durch die aktive Einbindung von Mitarbeitern ergeben sich verschiedene Vorteile:

- Verbreiterung der Basis der Arbeitgebermarke
- Bessere Identifikationsmöglichkeiten der Mitarbeiter mit den Employer
  Branding Aktivitäten
- Höhere Glaubwürdigkeit der Mitarbeiter als Botschafter
- Engere Verbundenheit und größeres Vertrauen zu Mitarbeitern und Vor-
  gesetzten

Insbesondere der letztgenannte Punkt ist ein aus Sicht des Arbeitnehmers sig-
nifikanter Punkt. Die Verbundenheit zum Unternehmen sowie das Vertrauen in
Arbeitskollegen und Vorgesetzten, gibt dem Mitarbeiter ein Wohlbehagen, welches den Mitarbeiter langfristig an das Unternehmen bindet. Die aktive Einbindung in die Prozesse des Employer Branding visualisiert dem Mitarbeiter das

---

69 Vgl. Meffert (2000) S. 10.
70 Vgl. Wiese (2005) S. 27.

Vertrauen von Seiten des Arbeitgebers und stärkt so das Selbstvertrauen und das Zugehörigkeitsgefühl des Mitarbeiters.

Abschließend soll die nachfolgende Grafik (Abbildung 5) den zuvor beschriebenen Einfluss einer Employer Brand auf die Funktion aus Sicht des Arbeitgebers sowie aus der Sicht des Arbeitnehmers erneut veranschaulichen.

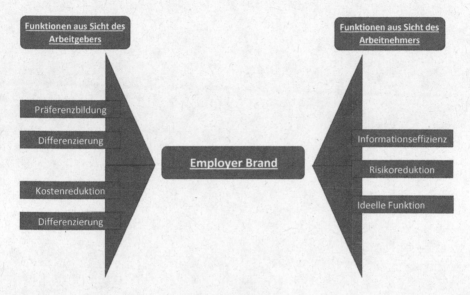

Abbildung 5: Funktionen einer Employer Brand[71]

Abgerundet wird die Thematik der Funktionen und Wirkungsweisen einer Employer Brand dadurch, dass das Markenkonzept im Idealfall in einer Win-Win-Situation für alle Beteiligten resultiert.

---

71   Eigene Darstellung in Anlehnung an Wiese (2005) S. 30.

4   Von Arbeitgebereigenschaften zum Arbeitgeberimage

Ein wichtiger Ausgangspunkt für die Definition einer EVP sind Eigenschaften des Arbeitgebers. Darunter werden die Stärken als auch die Schwächen die ein Arbeitgeber vorweisen kann verstanden. Um die vorhandenen Zusammenhänge zwischen EVP, den Arbeitgebereigenschaften und dem Arbeitgeberimage zu verdeutlichen, wird folgende Grafik (Abbildung 6) aufgeführt:

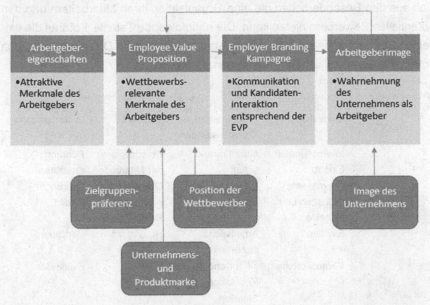

Abbildung 6: Zusammenhänge von Arbeitgebereigenschaften und Arbeitgeberimage[72]

Die angeführte Grafik verdeutlicht, wie auf Basis der Arbeitgebereigenschaften, der Präferenzen der Zielgruppe, der Position der Wettbewerber und der Unternehmensmarke die EVP definiert wird. Entsprechend dieser Positionierung wird im Anschluss die Employer Branding Kampagne erstellt und umgesetzt. Die hierdurch gewonnene Kommunikationsstrategie beeinflusst wiederum das Arbeitgeberimage, also die Wahrnehmung der Organisation als Arbeitgeber. Des

---

72   Eigene Darstellung in Anlehnung an Trost (2009) S. 9.

Weiteren wirken sich ebenfalls die allgemeinen Imagewerte des Unternehmens und andere Imagefaktoren wie das der jeweiligen Branche auf das Arbeitgeberimage aus.[73]

4.1 Eigenschaften des Arbeitgebers

Unter den Arbeitgebereigenschaften werden während des Employer Branding Prozesses lediglich die Stärken des Unternehmens verstanden. Diese ergeben sich aus den Besonderheiten die eine Organisation ihren Mitarbeitern und den potentiellen Bewerbern bieten kann. Die nachfolgende Tabelle 1 ordnet die einzelnen Eigenschaften den übergeordneten Kategorien zu. Diese können durch unternehmensspezifische Stärken ergänzt werden.

Angebote	Aufgaben	Unternehmen	Mitarbeiter	Werte
Karrieremög-lichkeit	Innovation	Produkte und Dienstleistungen	Teamwork	Unternehmens-kultur
Entlohnung	Internationaler Einsatz	Marktführer-schaft	Persönlichkeit der Mitarbeiter	Führungs-qualitäten
Zusätzliche Leistungen	Interessante Aufgaben und Projekte	Erfolg des Unter-nehmens	Qualifikations-niveau der Beschäftigten	Führungs-leitbild
Work-Life-Ba-lance	Einfluss	Arbeitsplatz-sicherheit	Diversity[74]	Vertrauen
	Verantwortung	Öffentliche Reputation		Flexibilität
		Standort		
		Kunden		

Tabelle 1: Kategorisierung von Arbeitgebereigenschaften[75]

In diesem Zusammenhang ist ein Aspekt von besonderer Bedeutung. Die EVP und die daraus abgeleitete Arbeitgebermarke müssen sich an den tatsächlichen

---

73 Vgl. Bany (2011) S. 27.
74 Diversity beschreibt den modernen Gegenbegriff zu Diskriminierung; beschreibt weiter die Bündelung von antidiskriminierenden Maßnahmen.
75 Eigene Darstellung in Anlehnung an Trost (2009) S. 20.

Arbeitgebereigenschafen orientieren. Widersprüche zwischen Marketingver-
sprechen und der erlebten Arbeitswelt schwächen die neu konzeptionierte Arbeitgebermarke ab. Weiterhin wird die Glaubwürdigkeit aller Marketingaktivitä-
ten in Bezug auf die Arbeitgebermarke negativ beeinflusst, wodurch eine erhöhte Fluktuation, speziell bei neuen Mitarbeitern, hervorgerufen wird. Auch in
diesem Punkt wird erneut deutlich, dass Employer Branding nicht lediglich die
werbewirksame Präsentation eines Unternehmens als attraktiver Arbeitgeber
ist, sondern ebenfalls eine ganzheitliche Optimierung der Arbeitgeberattraktivität darstellt, welche sich in der Gestaltung der Arbeitgebereigenschaften wie-
derspiegelt.[76]

4.2 Zielgruppenpräferenz

Um die Zielgruppe gezielt anzusprechen ist es wichtig die von dem Unternehmen definierte EVP auf die Zielgruppe auszurichten. Mindest-Voraussetzung
dieser Ausrichtung ist, dass sich die Präferenzen der EVP nicht mit den der
Zielgruppe widersprechen. Die verschiedenen Präferenzen der unterschiedlichen Zielgruppen machen diesen Vorgang zu einem komplexen Thema. Eine
weitere Schwierigkeit ergibt sich daraus, dass eine Organisation meist mehrere
Zielgruppen mit differenzierten Präferenzen in einer Kampagne ansprechen
möchte. Weiterhin muss die Homogenität der Präferenzen einer Zielgruppe hin-
terfragt werden. Dies ist darauf zurückzuführen, dass sich Menschen innerhalb
einer Zielgruppe im Hinblick auf die Dinge, die ihnen wichtig sind unterscheiden.[77]

Daraus resultierend kann angeführt werden, dass die Präferenzen nicht
genau ausgelotet werden können und aufgrund dessen eine breite Aufstellung
der Kampagne sinnvoll ist. Erste Zielgruppenpräferenzen lassen sich mit Hilfe
von Studien, wie beispielsweise dem Nachwuchsbarometer Technikwissenschaften der deutschen Akademie der Technikwissenschaften, welche jährlich
abgefragt werden, herausfinden. Um die Zielgruppenpräferenzen genauer definieren zu können, müssten allerdings eigene Umfragen getätigt werden, was
für viele Organisationen jedoch kaum wirtschaftlich wäre.

---

[76] Vgl. Bany (2011) S. 28f.
[77] Vgl. Trost (2009) S. 20f.

5 Theoretische Entwicklung einer Arbeitgebermarke

Eine personalisierte Employer Brand zu entwickeln ist das Hauptziel von den vielen verschiedenen Employer Branding Maßnahmen. Um dieses Ziel zu erreichen, müssen die verschiedenen Maßnahmen als strategischer Prozess konzipiert und in die Unternehmensstrategie implementiert werden.[78] Um den Entwicklungsprozess einer Employer Branding Maßnahme zu verdeutlichen, werden die einzelnen Prozessschritte in Abbildung 7 dargestellt. in den nachfolgenden Unterpunkten werden diese Prozesse genauer erläutert. Hierbei ist darauf zu achten, dass je nach Literaturquelle zum einen von vier und zum anderen von fünf Prozessschritten die Rede ist. In der vorliegenden Arbeit soll der Prozess der Zielgruppendefinition aufgenommen werden, wodurch die Anzahl der Prozessschritte auf fünf steigt.

Abbildung 7: Employer Branding Prozess[79]

Weiterhin gilt bei der Entwicklung darauf zu achten, dass das Employer Branding keine Aktivität ist, die mit der Entwicklung und der Umsetzung konkreter Kampagnen abgeschlossen ist. Die Arbeitgebermarke unterliegt einer kontinuierlichen, kritischen Betrachtung. Ebenso sollte die Arbeitgebermarketing-Analyse, die Strategie und die Umsetzung stets fortgeführt und ggf. angepasst bzw. optimiert werden. So gesehen kann der Verlauf einer Arbeitgebermarkenentwicklung auch wie in Abbildung 8 dargestellt werden:

---

78   Vgl. Stotz, Wedel (2009) S. 34 f.
79   Eigene Darstellung in Anlehnung an: Deutsche Employer Branding Akademie (2006).

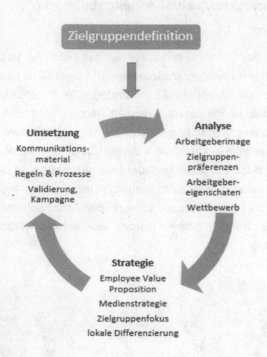

Abbildung 8: Zyklus des Employer Brandings[80]

5.1   Analysephase

Die Analysephase innerhalb eines Employer Branding Prozesses stellt umfangreiche Informationen zur Verfügung und gründet somit die Basis für den Gesamtprozess. Die sorgfältige Analyse und die Auswertung der analysierten Parameter sind substanziell für den Aufbau und die weitere Entwicklung einer Employer Brand. Dabei ist darauf zu achten, dass die verschiedenen Perspektiven der Unternehmensanalyse und der Zielgruppenanalyse passgenau übereinstimmen sollten.[81] Einen genaueren Aufschluss der unterschiedlichen Analysen innerhalb eines solchen Prozesses sollen die nachfolgenden Kapitel 5.1.1 bis 5.1.3 geben.

---

80   Vgl. Trost, (2009) S.18.
81   Vgl. Stotz, Wedel (2009) S. 90.

5.1.1 Unternehmensanalyse

Unter dem Begriff Analyse wird die „systematische Untersuchung eines Gegen-
standes oder Sachverhalts hinsichtlich aller einzelnen Komponenten oder Faktoren, die ihn bestimmen."[82] verstanden Bei einer solchen Analyse, bezogen auf
ein betriebswirtschaftliches Unternehmen, besteht das Ziel darin, den Analyse-
gegenstand in seine Bestandteile zu zerlegen und zu einer fundierten Gesamt-
beurteilung zu gelangen. Gegenstand dabei ist das zu analysierende Unternehmen mit all seinen internen wie externen, also beeinflussbaren wie auch nicht
beeinflussbaren, Variablen. Hierbei handelt es sich beispielsweise um Ziele,
Zielerreichung, Maßnahmen und Ressourcen sowie deren Strukturierung bezogen auf das Unternehmen. Das spezifische Ziel der Unternehmensanalyse stellt
somit die Gewinnung von aussagekräftigen Informationen über das jeweilige
Unternehmen dar. Aus den oben gewonnenen Erkenntnissen lässt sich folgende Definition der Unternehmensanalyse ableiten:

„Unter dem Begriff Unternehmensanalyse versteht man eine spezifische
Vorgehensweise zur Gewinnung betriebswirtschaftlich relevanter Informationen
[...] sie schafft eine Grundlage, um in Relation zu den Konkurrenten und den
Anforderungsprofilen der Kunden die eigenen Positionen klarer erkennen und
Maßnahmen für ihre Verbesserung ergreifen zu können."[83]

Hinsichtlich des Themas Employer Branding sind die Kunden zum einem
die potentiellen Bewerber wie aber zum anderen ebenfalls die bestehenden Mitarbeiter des Unternehmens, welche den Employer Branding Prozess entwickeln
möchten. Darüber hinaus gilt es, im Sinne der identitätsorientierten Markenführung, sowohl die internen, als auch die externen Einflussfaktoren zu berücksichtigen. Die Betrachtung der internen Einflussfaktoren ist signifikant, da einerseits
ein klarer Blick auf die unternehmensinterne Situation und andererseits auf die
gegebenen Voraussetzungen geschaffen werden muss.[84] Unter die unterneh-
mensinternen Einflussfaktoren fallen insbesondere die in Tabelle 2 dargestellten Schwerpunktthemen mit nachstehenden Leitfragen bzw. Überlegungen:

---

82   Drews (2001) S. 115.
83   Schneider (2002) S. 65.
84   Vgl. Stotz, Wedel (2009) S. 92.

Die Unternehmensvision
- Kontinuität oder Interaktion als Global-Player? - Sieht es sich jetzt und/oder zukünftig als Marktführer?
Die Unternehmensstrategie
- Lang-/ und mittelfristigen Ziele - Stärkere internationale Ausrichtung - Veränderung im Produktportfolio
Die Produkte und sonstigen Leistungen des Unternehmens
- Sind die Produkte oder Dienstleistungen des Unternehmens hoch innovativ oder besitzen sie einen eher geringen Innovationsgrad - Sind die Produkte in der Öffentlichkeit oder lediglich bei Experten bekannt? - Agiert das Unternehmen im B2C[85] oder B2B[86] Markt?
Die Unternehmensorganisation
- Aufbau- und Ablauforganisation - Was unterscheidet das Unternehmen in diesem Punkt von Wettbewerbern?
Die Unternehmenskultur und die gelebten Werte
- Für welche besonderen Werte steht das Unternehmen? - Gibt es ein besonderes Zusammengehörigkeitsgefühl der Mitarbeiter? - Wie wird die Corporate Social Responsibility[87] wahrgenommen?
Die allgemeinen Grundsätze der Geschäftspolitik
- Welche Handlungsmaxime prägen die internen und externen Interaktionen? - Gibt es hierfür definierte Richtlinien und werden sie auch gelebt?
Die Unternehmenssituation
- Historie des Unternehmens - Ertragslage - Betriebswirtschaftliche Kennzahlen - Anzahl und Qualifikation der Mitarbeiter - Fluktuation

Tabelle 2: Interne Unternehmenseinflussfaktoren[88]

---

[85] B2C ist die Abkürzung für den Business-to-Consumer-Markt, bei der das Angebot von Unternehmen an Konsumenten erfolgt.

[86] B2B ist die Abkürzung für den Business-to-Business-Markt, bei der die Geschäftsbeziehung zwischen zwei Unternehmen erfolgt.

[87] Corporate Social Responsibility ist frei übersetzt die Unternehmerische Gesellschaftsverantwortung und umschreibt den freiwilligen Beitrag der Wirtschaft zu einer nachhaltigen Entwicklung, welcher über die gesetzlichen Forderungen hinausgeht.

[88] Eigene Darstellung in Anlehnung an Stotz, Wedel (2009) S. 92f.

Bei der Analyse der internen Einflussfaktoren ist eine sensible Vorgehensweise wichtig. Bereits die Frage, wer diese Analyse durchführt ist von großer Bedeutung, da bei einer Analyse allein durch interne Mitarbeiter die Gefahr einer verzerrten Realität besteht. Aus dem zuvor genannten Gesichtspunkt ist die Analyse durch eine externe Kraft zu empfehlen, um schwer zu korrigierende Fehler in der Anfangsphase zu vermeiden. Notwendige Informationen, um eine umfassende Analyse durchführen zu können, werden meist schon aus öffentlich zugänglichen Dokumenten gewonnen. Um eine tiefergehende Analyse zu realisieren, sind jedoch weitere interne Unterlagen, wie Strategiepapiere, Organisationscharts und Darstellungen im Intranet, notwendig.[89] Des Weiteren können Interviews und Gespräche mit Angestellten sehr hilfreich sein, um weitere wichtige Erkenntnisse für die Unternehmensanalyse zu erhalten. Ergänzend kann auch eine strukturierte Mitarbeiterbefragung dienen, welche weitere Kriterien liefern kann.

Ebenfalls nicht zu vernachlässigen ist die Betrachtung der externen Einflussfaktoren, da diese einen direkten Einfluss auf den Employer Branding Prozess nehmen. Mit den externen Unternehmenseinflussfaktoren werden die Rahmenbedingungen des Unternehmens betrachtet und deren jeweiligen Auswirkungen eingeschätzt. Diese werden von der deutschen Gesellschaft für Personalführung e.V. in sechs Bereiche eingeteilt. Die nachfolgende Grafik (Abbildung 9) veranschaulicht den Einfluss auf eine Employer Brand.

Abbildung 9: Unternehmensexterne Einflussfaktoren[90]

---

89 Vgl. Stotz, Wedel (2009) S. 93.
90 Eigene Darstellung in Anlehnung an Stotz, Wedel (2009) S. 94.

Ergänzend zur Abbildung der Unternehmensexternen Einflussfaktoren, beschreibt Tabelle 3 die verschiedenen Aspekte weiterführend.

Gesellschaftliche Faktoren
- Demografische Entwicklung - Veränderung der allgemeinen Wertevorstellung
Politische Faktoren
- Änderungen innerhalb der Bildungspolitik und Beschäftigungspolitik - Veränderung von Bildungsniveaus der Arbeitnehmer und Anpassung von Mindestlohnsätzen
Rechtliche Faktoren
- Status im Arbeits- und Sozialrecht - Entwicklungstendenzen im Arbeits- und Sozialrecht
Wirtschaftliche Faktoren
- Allgemeine Entwicklung des Arbeitsmarktes, insbesondere im Hinblick auf das Fachkräfteangebot - Nationale und internationale wirtschaftliche Situation, vor allem bezogen auf die Absatz- und Beschaffungsmärkte - Veränderung der Wettbewerbssituation - Spezifika der Branche in Bezug auf Image und Attraktivität in der Öffentlichkeit
Technische Innovationen
- Aktueller technologischer Status - Neue Produktionsverfahren, welche Änderungen mit sich bringen
Kommunale Faktoren
- Standortattraktivität des Unternehmens, welche durch die Entfernung zu den nächsten Metropolen, die Einwohnerzahl und die regionale Infrastruktur bestimmt wird - Kommunalpolitische Rahmenbedingungen

Tabelle 3: Externe Unternehmenseinflussfaktoren[91]

Informationen, welche sich auf die Unternehmensexternen Einflussfaktoren beziehen, können überwiegend den elektronischen und Printmedien entnommen werden. Auch Trendstudien, welche analysiert oder gar selbst entworfen und ausgewertet werden, können einen Aufschluss über eine gewisse Entwicklungsprognose geben.

---

[91]   Eigene Darstellung in Anlehnung an Stotz, Wedel (2009) S. 94f.

Markttreiber bezeichnen die Werte, Attribute und Nutzenelemente einer Employer Brand, welche das Verhalten eines Individuums bei der Wahl des Arbeitgebers beeinflusst. Diese müssen im Zuge einer Marktforschung identifiziert werden und dienen in der Umsetzungsphase zur Formulierung der erforderlichen Botschaften der Employer Brand. Weiterhin sollen sie die entsprechenden Kommunikationsmaßnahmen einleiten. Auch hier bringt eine Befragung, in diesem Fall von potentiellen Nachwuchskräften, einen Aufschluss über die Präferenzen der Wertvorstellungen, die im besten Fall einen Arbeitgeber als Employer-of-Choice kennzeichnen.[92]

5.1.2 Situationsanalyse

Im folgenden Abschnitt der vorliegenden Arbeit wird explizit erläutert, wie die Situation eines zu untersuchenden Unternehmens betrachtet und analysiert werden kann. Eine erfolgreiche Methode zur Analyse ist die SWOT-Analyse. SWOT steht abkürzend für die folgenden Analysekomponenten:

- S – Strenght [Stärken]
- W – Weakness [Schwächen]
- O – Oppertunities [Chancen]
- T – Threats [Risiken]

Demnach bilden die Stärken und Schwächen der Geschäftseinheit sowie die Chancen und Risiken der Unternehmensumwelt, welche im Rahmen der Wertkettenanalyse und der Branchenstruktur- und Wettbewerbsanalyse ermittelt worden sind, die Grundlage einer solchen SWOT-Analyse.[93] Jeweils die Stärken und Schwächen und die Chancen und Risiken werden zu sogenannten Merkmalskataloge zusammengefügt und können im Anschluss, in einer wie in Tabelle 4 abgebildeten Matrix, in Beziehung zueinander gesetzt werden. Daraus ergeben sich im Anschluss Themenkomplexe, die sich sowohl auf die Stärken und Schwächen, als auch auf die Chancen und Risiken, beziehen.[94]

---

92   Vgl. Stotz, Wedel (2009) S. 95.
93   Vgl. Zerres (2000) S. 71.
94   Vgl. Ebd.

SWOT - Analyse		Externe Analyse	
		Oppertunities	Threats
Interne Analyse	Strenghts	SO	ST
	Weakness	WO	WT

Tabelle 4: Matrix der SWOT – Analyse[95]

Wie aus Tabelle 4 ersichtlich wird, sind die Stärken und Schwächen interne Faktoren des Unternehmens. Sie beschreiben die positiven Seiten des Unternehmens als auch die Stellen an denen Verbesserungspotential besteht. Dabei sind Möglichkeiten und Bedrohungen externe Faktoren und benennen offene Potentiale am Markt, sowie die externen und marktbezogenen Risiken, welche einzukalkulieren sind. Im Folgenden ist dies anhand von Beispielfragen verdeutlicht:

- Stärken: Wo ist unser Unternehmen besonders gut aufgestellt?
- Schwächen: Wo kann unser Unternehmen sich auf jeden Fall verbessern?
- Möglichkeiten: Wie kann unser Unternehmen seine Möglichkeiten am Markt entfalten?
- Risiken: Welche Risiken müssen dabei einkalkuliert werden?

Im Anschluss an die Befragung kann mit der SWOT-Analyse fortgefahren werden. Dabei werden die verschiedenen Aspekte in folgende Beziehung zueinander gesetzt. Auch hier kann das Vorgehen anhand von Leitfragen erläutert werden.[96]

- SO – Strategie: Wie können unsere Stärken eingesetzt werden, um die externen Risiken zu vermeiden oder zu minimieren?
- ST – Strategie: Wie können unsere Stärken eingesetzt werden, um externe Chancen nutzen zu können?
- WO – Strategie: Welche Schwächen müssen beseitigt oder gar umgenutzt werden, um sich extern bietende Chancen nutzen zu können?

---

95   Eigene Darstellung in Anlehnung an Stotz, Wedel (2009) S. 90.
96   Vgl. Stotz, Wedel (2009) S. 90.

- WT – Strategie: Welche Schwächen müssen abgebaut werden, um externe Risiken zu vermeiden oder zu minimieren?[97]

5.1.3 Zielgruppenanalyse

Ein weiterer Ausgangspunkt eines jeden Employer Branding Prozesses sollte die Definition der Zielgruppe sein. Die Zielgruppe schließt sich aus dem Personenkreisen zusammen, die ein Arbeitgeber mit seiner zu entwickelnden Marke ansprechen möchte. Es ist somit eine Methodik um marketingrelevante Verhaltensweisen und Eigenschaften der Zielgruppe zu analysieren und zu interpretieren. Die Zielgruppendefinition orientiert sich vor allem an den Schlüssel- und Kernkompetenzen eines Unternehmens. Dies beruht auf Überlegungen, dass sich ein Employer Branding in erster Linie auf Personenkreise auf dem Arbeitsmarkt konzentrieren sollte, die für schwer zu besetzende Funktionen potentiell in Frage kommen.

Auch im Rahmen der Analyse wird in interne und externe Zielgruppen unterschieden. Allgemein zählen zu der internen Zielgruppe alle derzeit Beschäftigten der zu untersuchenden Unternehmung. Um eine Zielgruppe steuern zu können ist es wichtig, ihre Eigenschaften, Motive wie aber auch Erwartungen zu kennen. Erst wenn man die genannten Aspekte kennt, kann die Employer Branding Strategie darauf eingehen und Erfolge erzielen. Um möglichst repräsentative Ergebnisse einer Analyse der internen Zielgruppe zu bekommen, sollte zuvor eine Einteilung der Beschäftigten nach Funktion, Besonderheiten oder Leistungs- bzw. Potentialkriterien durchgeführt werden.[98]

Bei der externen Zielgruppe handelt es sich im weitesten Sinne um potentielle Mitarbeiter. Für die unternehmensexterne Kommunikation ist es von Bedeutung die Eigenschaften, Werte und Präferenzen der jeweiligen Zielgruppen genau zu kennen und zu identifizieren in welche Maßnahmen des gesamten Prozesses diese eingeordnet werden können. Aber auch die gesamte Öffentlichkeit, welche in einer Beziehung zum Unternehmen steht, steht im Spektrum der externen Zielgruppenanalyse. Dabei geht es nicht zwangsläufig um das Bestreben, diese als potentielle Mitarbeiter anzusehen. Informationen über die

---

[97] Vgl. Stotz, Wedel (2009) S. 90.
[98] Vgl. Stotz, Wedel (2009) S. 96.

externen Zielgruppen können am erfolgreichsten aus den Medien gewonnen werden, die die Zielgruppe selbst nutzt. Wenn auf einige der zahlreich vorhandenen Studien oder Marktforschungen zurückgegriffen werden soll, um sich einen Überblick über die Zielgruppe zu verschaffen, sind diese kritisch zu hinterfragen, um eine Fehlinterpretation zu vermeiden.[99]

Eine Unterteilung der Zielgruppen und der verschiedensten, in einer Beziehung stehenden, Personen gibt die folgende Abbildung 10 wieder. Sie verdeutlicht diesbezüglich alle möglichen Segmentierungsvariablen.

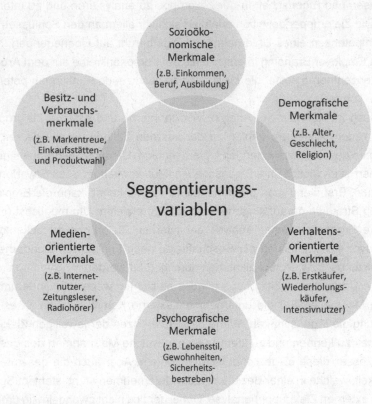

Abbildung 10: Markensegmentierung der Zielgruppe[100]

---

99   Vgl. Stotz, Wedel (2009) S. 98.
100 Eigene Darstellung in Anlehnung an Kerth/Asum (2008) S. 128.

Innerhalb des internen Employer Brandings stehen hauptsächlich die psychografischen Merkmale im Vordergrund, da diese abermals die Ansprüche der internen Zielgruppe verdeutlichen. Eine weitere nicht außer Acht zu lassende Variable ist die der sozioökonomischen Merkmale. Diese sind für das externe Employer Branding signifikant da sie das Anforderungsprofil des potentiellen Bewerbers charakterisieren.[101]

Um Streuverluste im Zusammenhang mit der Zielgruppenanalyse zu vermeiden, sollten die Marktsegmentierungen sowie die genaue Aufgliederung in interne und externe Zielgruppen aufeinander abgestimmt werden. Dabei sollten die Eigenschaften, welche ein Unternehmen charakterisieren, mit den Präferenzen der Zielgruppe übereinstimmen. Durch die Übereinstimmung wird eine Markenidentität gegründet, die als Grundlage für die Markenpositionierung gilt.

5.2 Planungsphase

Aufbauend auf die zuvor beschriebene Analyse ist die Planungsphase. Sie erstellt das genaue Konzept und die verschiedenen Maßnahmen, welche eingeleitet werden um zur gewünschten Employer Brand zu werden. Die Planungsphase setzt sich aus folgenden Bausteinen zusammen:

- Verdichtung und Auswertung der Informationen
- Zielformulierung
- Markenpositionierung
- Marktbearbeitungsstrategie
- Festlegung instrumenteller Maßnahmen
- Ressourcenplanung
- Erstellen eines Kommunikationskonzeptes

Die einzelnen Prozessschritte der Planungsphase werden nachfolgend weitergehend erläutert.

---

[101] Vgl. Stotz, Wedel (2009) S. 97.

5.2.1 Verdichtung und Auswertung der Informationen

Um aus der Fülle der gesammelten Informationen ein schlüssiges Konzept entwickeln zu können, müssen diese vorerst zusammengetragen und sorgfältig analysiert werden. Dabei sollen auch die jeweiligen Attraktivitätsfaktoren des Unternehmens ermittelt werden. Idealerweise geschieht die Ermittlung der Attraktivitätsfaktoren, wie aber auch die Analyse der gesammelten Informationen, bereits auf Basis der differenzierten Zielgruppen. Das bedeutet, dass die gesammelten Informationen direkt den verschiedenen Zielgruppen zugeordnet werden müssen.[102] Dabei gilt besonderes Augenmerk darauf, Prioritäten zu erarbeiten. Diese lassen sich mit Hilfe einer sogenannten Wirkungsanalyse erkennen.[103] Um die Einflussfaktoren möglichst gut ihrer Wirkung nach analysieren zu können, ist es wichtig, zuvor geeignete Bewertungsdimensionen zu definieren. Da die Betrachtung gezielt auf kleine und mittelständische Unternehmen bezogen werden soll, ist es sinnvoll, den Einfluss auf den mittel- bis langfristigen Unternehmenserfolg als erste Bewertungsdimension festzulegen. Somit soll in diesem Zuge bewertet werden, in wie weit bestimmte Einflussfaktoren und dessen Tendenzen zur Entwicklung von mittel- bis langfristigen Chancen oder Risiken für das Unternehmen, beitragen. Die zweite Bewertungsdimension, der Einfluss auf die Arbeitgeberattraktivität, ergibt sich aus der Abhängigkeit zwischen der Gestaltung und der Kommunikation und der Employer Brand. Auch hier ist der Einflussfaktor und die Entwicklungstendenz hinsichtlich der Attraktivität des Arbeitgebers gefragt. Aus den oben genannten Bewertungsdimensionen lässt sich das Wirkungsportfolio, welches nachstehend in Abbildung 11 abgebildet ist, erstellen. Fällt ein Kriterium in den grünen Bereich, bedeutet dies, dass es ignoriert werden kann. Bei Zuordnung innerhalb der gelben Bereiche folgt daraus, dass eine Handlung delegiert werden sollte oder direkt gehandelt werden sollte, je nachdem ob der Einfluss auf die Unternehmensentwicklung oder auf die Arbeitgeberattraktivität überwiegt. Fällt der bewertete Einflussfaktor in den roten Bereich, so würde ein sofortiges starkes Handeln sinnvoll werden.

---

102 Vgl. Stotz, Wedel (2009) S. 98.
103 Vgl. DGfP e.V. (2006) S. 51.

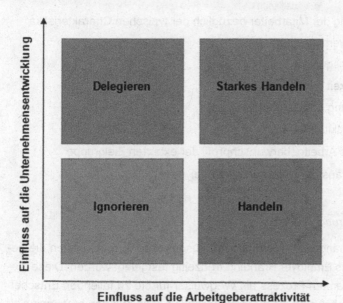

Abbildung 11: Wirkungsportfolio der Einflussfaktoren[104]

Ein weiterer Gesichtspunkt, welcher der Verdichtung und Auswertung von Informationen zuzuordnen ist, ist die Zielgruppenauswahl. Hier soll eine Entscheidung darüber getroffen werden, wie viele und vor allem welche Zielgruppen mit der Strategie angesprochen werden sollen. Eine Auswahl wird auch dadurch beeinflusst, dass die verfügbaren Ressourcen des Unternehmens Einhalt in die Entscheidung finden müssen.[105] Letztendlich sollten die Attraktivitätsfaktoren, das heißt die Ergebnisse aus der Unternehmens- und Zielgruppenanalyse, ermittelt werden. Die Attraktivitätsfaktoren heben die Besonderheiten und die Alleinstellungsmerkmale des Unternehmens hervor und sorgen somit für eine gewollte Differenzierung vom Wettbewerb. Um die entsprechenden Faktoren exakt identifizieren zu können, ist es notwendig, mehrere der nachfolgenden Informationsquellen zu kombinieren.

---

104 Eigene Darstellung in Anlehnung an Stotz, Wedel (2009) S. 99.
105 Vgl. Stotz, Wedel (2009) S. 100.

- Einschätzung der Mitarbeiter bezüglich der typischen Charakteristika des Arbeitsverhältnisses
  - o Lebensqualität
  - o Tätigkeit
  - o Führung und Zusammenarbeit
  - o Entwicklung
- Allgemeines Arbeitgeberwunschprofil der externen Zielgruppe
- Ergebnisse aus der Unternehmensanalyse [106]

5.2.2 Zielformulierung

Nachdem die vorhandenen Informationen ausgewertet wurden, sollten die genauen Ziele für das Employer Branding frühzeitig festgelegt werden. Diese dienen über den gesamten Prozess als Wegweiser für die zu fällenden Entscheidungen. Im Normalfall sind die zu formulierenden Ziele aus den personalpolitischen Markttreibern und den Erfolgsdimensionen der Arbeitgebermarke abzuleiten.[107] Zudem ist darauf zu achten, dass die Zielformulierung unter Berücksichtigung der Unternehmenszielsetzung erarbeitet wird.[108] Dabei erfolgt nach Petkovic die Unterscheidung in drei verschiedene Zieltypen.

Die Nachfolgende Tabelle 5 erläutert die jeweiligen Zieltypen und nennt einige Beispiele in Bezug auf die entsprechenden Employer Branding Maßnahme:

---

106 Vgl. Stotz, Wedel (2009) S. 100.
107 Vgl. Petkovic (2008) S. 184.
108 Vgl. Wiese (2005) S. 48.

Zieltyp:	Erläuterung:	Beispielhafte Ziele:
Konative Ziele	Ziele, welche speziell auf die Auslösung von Verhaltensabsichten zielen.	Schaffen von Arbeitgeberpräferenzen in Form von: - Bewerbungen - Vertragsabschlüssen - Loyalität der Mitarbeiter - Weiterempfehlungen
Kognitive Ziele	Ziele, welche nicht speziell auf eine Handlung zielen sondern die Aufnahme und Speicherung von Informationen beeinflussen sollen.	- Erhöhung des Bekanntheitsgrades - Steigerung der wahrgenommenen personalpolitischen Qualität durch Identifikation und Fokussierung auf die personalpolitischen Treiber der Arbeitgebermarke - Erhöhung der wahrgenommenen Einzigartigkeit
Affektive Ziele	Ziele, welche die eigenen Vorteile gegenüber dem Konkurrenten hervorheben oder speziell positionieren sollen.	- Erhöhung des Vertrauens - Erhöhung der Identifikationsrate - Erhöhung der Sympathie zum Arbeitgeber

Tabelle 5: Beispiele für die jeweiligen Zieltypen[109]

Die sich aus der Formulierung ergebenden Ziele sollten zu einer klar definierten Markenvision zusammengefasst werden. Diese Vision dient im Anschluss als Maßstab und Orientierung bei der Steuerung der entstehenden Marke. Aufgrund dessen soll auf verständliche Weise der Sinn und die langfristige Ausrichtung der Arbeitgebermarke beschrieben werden.[110]

---

[109] Eigene Darstellung in Anlehnung an Petkovic (2008) S. 184f.
[110] Vgl. Stotz, Wedel (2009) S. 103.

5.2.3 Markenpositionierung

Auf Basis einer durch die zuvor aufgeführten Phasen bestehenden Markenidentität kann im Anschluss eine Markenpositionierung erstellt werden. Die Positionierung ist eine Grundvoraussetzung, dass die Identität auf Dauer umgesetzt
werden kann. [111]

    Es gilt die folgenden Anforderungen an eine erfolgreiche Positionierung
der Arbeitgebermarke zu beachten:

- Die Positionierung soll zu den Werten und vorhandenen Arbeitsbedin-
  gungen passen

- Werte, Anforderungen und Erwartungen an den Nutzen der Zielgruppe
  sollen bestmöglich erfüllt werden

- Bei der Positionierung sollte eine Differenzierung zu konkurrierenden Ar-
  beitgebern stattfinden

Des Weiteren ist aufgrund des zeitaufwendigen Prozesses besonders auf die
langfristige Verfolgung zu achten. Aufgrund dessen werden während der Festlegung nicht nur aktuelle Werte in Betracht gezogen, sondern ebenfalls zu anti-
zipierende zukünftige Werte beachtet.[112]

    Auf der Internetseite der Deutschen Employer Branding Agentur lassen
sich Hilfestellungen hierzu finden. Daraus lässt sich eine Positionierung Bau-
steinartig zusammensetzen. Dabei werden drei Grundbausteine für die erfolgreiche Arbeitgeberpositionierung genannt:

1. Employer Branding Statement Proposition:	Dieser Baustein gibt an, wofür der Arbeitgeber als Marke steht.
2. Unique Employer Proposition:	Baustein für die entscheidende Botschaft der Kommunikation und für die Darstellung des Alleinstellungsmerkmal des Arbeitgebers.

---

111 Vgl. Sattler/Völckner (2007) S. 58.
112 Vgl. Stotz, Wedel (2009) S. 103.

3. Cultural Fit: Der Cultural-Fit-Baustein gibt an,
                                           welche Arbeitnehmer zum analy-
                                           sierten Unternehmen passen. Dies
                                           berücksichtigt die fachliche wie
                                           aber auch die persönliche
                                           Ebene.[113]

Werden die zuvor genannten Bausteine zu einem Ergebnis zusammengetragen, kann daraus die EVP definiert werden. Da die Positionierung eine grundlegende Basis für die angestrebte Markenstärke bildet,[114] müssen bei der Definition der EVP alle getroffenen Maßnahmen und Konzepte aufeinander ausgerichtet werden. Dabei umfasst die Positionierung nicht lediglich Aussagen zu
personalpolitischen Nutzelementen, sondern beschreibt zusätzlich die Grund-
ausrichtung für den Markenauftritt des Arbeitgebers. Unterschieden werden die
Positionierungsfelder in zwei Varianten: den rationalen/kognitiven und den af-
fektiven/emotionalen Komponenten. Dabei ist die emotionale Komponente, aufgrund des Stellenwertes der Emotionalisierung innerhalb eines Employer
Brandings, nicht zu vernachlässigen. Die emotionale Komponente kann durch
die Einführung einer Arbeitgeberpersönlichkeit geschaffen werden.[115]

Nachdem die zuvor genannten Punkte berücksichtigt und angewandt
wurden, kann im weiteren Vorgehen eine Strategie daraus abgeleitet werden.
Im klassischen Marketing gibt es drei richtungsweisende Positionierungsstrate-
gien:

1. Bewusste Positionierung gegen einen Konkurrenten

2. Hervorheben eigener, unverkennbarer Vorteile

3. Herstellen einer Verbindung zu einer anderen Marke mit der gleichen
   oder sehr ähnlichen Zielgruppe[116]

Diese drei Strategien können mit der Erkenntnis, dass es sich dabei nicht um
eine reine Produktpositionierung handelt, sondern die zielgruppenorientierte

---

113 Vgl. DEBA, http:// www.employerbranding.org/ (Abrufdatum: 14.06.2016).
114 Vgl. Stotz, Wedel (2009) S. 103 zitiert nach Esch (2003) S. 34 und S. 124.
115 Vgl. Stotz, Wedel (2009) S. 104.
116 Vgl. Hiam (2011) S. 59.

Ansprache im Vordergrund steht, auf den Employer Branding Prozess übertragen werden. Weitergehendend spielt auch die Marktbearbeitungsstrategie eine wesentliche Rolle bei der Positionierung. Die Bearbeitungsstrategien werden im folgenden Absatz genauer erläutert. Der enge Zusammenhang verdeutlicht jedoch erneut, warum ein Employer Branding Prozess im Ganzen durchgeführt werden sollte.

5.2.4 Marktbearbeitungsstrategie

Im Rahmen einer Marktbearbeitungsstrategie sollen Entscheidungen über den Differenzierungsgrad bezogen auf die ausgewählten Zielgruppen getroffen werden. Daraus ergibt sich die Leitfrage, inwiefern die Eigenheiten und Bedürfnisse der unterschiedlichen Zielgruppen Berücksichtigung finden. Die Personalpolitik, welche nach der entsprechenden Zielgruppe ausgerichtet ist, steht neben dem markenspezifischen Zusatznutzen im Zentrum der Arbeitgeberwahlentscheidung. Des Weiteren spiegelt sie die Qualität, als auch die Potentiale, der Employer Brand wider.[117] Dabei wird nach Wiese in drei Marktbearbeitungsstrategien entschieden, welche nachfolgend erläutert werden.

Undifferenzierte Marktbearbeitungsstrategie:
Eine undifferenzierte Marktbearbeitungsstrategie ignoriert die Differenz zwischen verschiedenen Zielgruppen. Bei diesem Vorgehen wird der Arbeitsmarkt mit einem Einzelangebot bedient. Diese Strategie findet oft bei Unternehmen mit fehlenden fachlichen, personellen oder finanziellen Ressourcen Anwendung. Beispielhaft wird hier wie aber auch in den anderen beiden Marktbearbeitungsstrategien Hochschulabsolventen als potentielle Bewerber herausgestellt. Weitergehend werden bei der undifferenzierten Marktbearbeitungsstrategie durchschnittliche Absolventen mit High Potentials[118] zusammengefasst und gemeinsam angesprochen. So verbreitet der Arbeitgeber seine Zielgruppe in der Hoffnung, eine größtmögliche Anzahl an Interessenten anzusprechen.

---

117 Vgl. Stotz, Wedel (2009) S. 106.
118 High Potential bezeichnet eine Nachwuchskraft, welche durch überdurchschnittliche fachliche wie auch persönliche Fähigkeiten einen höheren Wert für das Unternehmen bietet.

Konzentrierte Marktbearbeitungsstrategie:
Die konzentrierte Marktbearbeitungsstrategie fokussiert hingegen lediglich eine der beiden Zielgruppen. Hierbei handelt es sich um diejenige Zielgruppe, welche bedeutender für das Unternehmen ist. Die Leistungs-, wie aber auch Kommunikationspolitik, wird dabei vollkommen auf die ausgewählte Zielgruppe ausgerichtet.[119]

Differenzierte Marktbearbeitungsstrategie:
In dem Fall, dass ein Arbeitgeber aufgrund seines Bedarfs unterschiedliche Zielgruppen ansprechen möchte, ist die differenzierte Marktbearbeitungsstrategie zur Gestaltung und Kommunikation einer erfolgreichen Employer Brand erforderlich. Bei dieser Strategie wird für beide Zielgruppen je ein eigenes Konzept entwickelt. An dieser Stelle muss jedoch darauf hingewiesen werden, dass die unterschiedlichen Strategien unterschiedliche Wahrnehmungen produzieren, wodurch es leicht zu Irritationen beim Transport der beiden Komponenten kommen kann.[120]

5.2.5 Maßnahmen

Um eine erfolgreiche Employer Brand zu generieren, müssen konkrete Maßnahmen entwickelt und konsequent vom jeweiligen Unternehmen verfolgt sowie stetig weiterentwickelt werden. Diese instrumentellen Maßnahmen bilden eine Handlungsbasis für die Gesamtheit der operativen Aktivitäten. Mit dem Wissen, dass nicht eine einzelne Maßnahme existiert, welche besonders zu empfehlen ist, um sukzessiv eine erfolgreiche Employer Brand zu entwickeln, beschäftigt sich die Deutsche Employer Branding Agentur intensiv mit den instrumentellen Maßnahmen zum Aufstellen einer Employer Brand. Dazu wurde eine Unterteilung in die internen und externen Handlungsfelder des Employer Brandings durchgeführt.[121] Erst durch das Zusammenspiel der nachfolgend genannten Maßnahmen, welche auf das jeweilige Unternehmen zugeschnitten werden müssen, wird das vorab formulierte Ziel erreicht.[122]

---

[119] Vgl. Stotz, Wedel (2009) S. 106.
[120] Vgl. Ebd.
[121] Vgl. DEBA, http:// www.employerbranding.org/ (Abrufdatum: 15.06.2016).
[122] Vgl. Stotz, Wedel (2009) S. 107.

5.2.5.1 Interne Employer Branding Maßnahmen

Das übergeordnete Ziel der internen Employer Branding Maßnahmen stellt die Bindung von Mitarbeitern dar. Dazu sei wiederholend erwähnt, dass je mehr sich ein Mitarbeiter mit dem Image des Unternehmens und seinem Verhalten Kunden und Mitarbeitern gegenüber identifiziert, desto größer wird die emotionale Verbindung dem momentanen Arbeitgeber gegenüber. In diesem Zusammenhang gilt es die allgemeine Zufriedenheit und die Motivation der Mitarbeiter zu stärken und stetig weiter zu steigern. Daraus resultiert letztendlich eine langfristige Bindung an das Unternehmen aber auch ein kundenorientiertes Arbeitsverhalten. Ein Weiterer positiver Effekt von hoher Motivation und Zufriedenheit ist das Verhalten des Mitarbeiters im direkten Kundenkontakt. Zusammengefasst lässt sich sagen, dass das interne Employer Branding einerseits die Beziehungen zwischen Unternehmen und Mitarbeitern sowie andererseits die Beziehung zwischen Mitarbeiter und externen Kontakten beeinflusst.[123] Der Deutschen Employer Branding Akademie zufolge können die Handlungsfelder des internen Employer Brandings in, die im Folgenden vier Bereiche untergliedert werden.

Führung
Ausschlaggebend für die Zufriedenheit eines Mitarbeiters ist die Beziehung zu seinem Vorgesetzten. Des Weiteren werden die im Unternehmen vorherrschenden Führungsgrundsätze über die Führungskräfte vermittelt. Somit zählt die Mitarbeiterführung als wichtiger Bestandteil im Employer Branding Prozess. Aufgrund der weitreichenden Auswirkung auf die Delegation und Verantwortung ist es signifikant das Führungspersonal dementsprechend auszubilden und zu schulen.[124] Durch die Beurteilung der Geschäftsführung oder die Entwicklung von Führungsleitlinien wird die Geschäftsführung aktiv in den Prozess des

---

123 Vgl. http://www.employer-branding-now.de/internes-und-externes-employer-branding
     (Abrufdatum: 15.06.2016).
124 Vgl. Stotz, Wedel (2009) S. 112.

Employer Brandings eingebunden.[125] Ziel dabei ist es einen kooperativen Füh-
rungsstil, welcher den Arbeitnehmern ein gewisses Maß an Mitentscheidungs-
recht, Vertrauen und Offenheit einräumt, einzuführen.

Interne Kommunikation
Die interne Kommunikation umfasst alle Medien über die sich Mitarbeiter aus-
tauschen können. Hier kann auf klassische Medien wie Intranet oder Mitarbei-
terzeitungen zurückgegriffen werden oder in Form von Betriebsversammlun-
gen, Raumgestaltung und informelle Mitarbeiterkommunikation kommuniziert
werden.[126] Des Weiteren werden Social-Media Plattformen des Öfteren verwendet um die interne Kommunikation zu gewährleisten.

Human-Resource-Portfolio[127] (HR-Portfolio)
Zum HR-Portfolio zählen alle Produkte und Prozesse welche sich entlang der
HR-Wertschöpfungskette an den Mitarbeitern orientieren. Dazu zählen beispielsweise Prozesse wie Karriere, Weiterbildung, Sozialleistungen und Förder-
programme.[128] Zusätzlich können Bereiche wie Mitarbeiterintegration, durch die
Begleitung eines Mentors, welcher den neuen Mitarbeitern im Einarbeitungs-
prozess zur Seite steht, ergänzt werden. Weitere Erganzungen schaffen finanzielle Anreize wie Prämien, Sonderzahlungen und Aktien des Unternehmens.
Beim Ausscheiden eines Mitarbeiters ist die Nachbearbeitung von großer Bedeutung. Dies umfasst Faktoren wie Trennungskultur, Nachbesprechungen und
Newsletter für ehemalige Mitarbeiter zum HR-Portfolio.[129]

Gestaltung der Arbeitswelt
Bei der Gestaltung der Arbeitswelt „geht es um aufgabenbezogene Gestal-
tungsspielräume im Sinn der Positionierung, denn die Arbeitswelt ist Quelle von
Stolz, Selbstwertgefühl und Teamerlebnis."[130] Die verschiedenen Arbeitszeit-

---

125 Vgl. DEBA, http:// www.employerbranding.org/ (Abrufdatum: 15.06.2016).
126 Vgl. DEBA, http:// www.employerbranding.org/ (Abrufdatum: 15.06.2016).
127 Human Resource beschreibt die Ressourcen, die ein Unternehmen durch das Wissen,
     die Fähigkeiten und Motivation seiner Mitarbeiter hat.
128 Vgl. DEBA, http:// www.employerbranding.org/ (Abrufdatum: 15.06.2016).
129 Vgl. Stotz, Wedel (2009) S. 111f.
130 DEBA, http:// www.employerbranding.org/ (Abrufdatum: 15.06.2016).

modelle wie Teilzeit, Gleitzeit, Sabbatical oder selbstverwirklichende Baukastensysteme und Teamorganisationen sind nur Ansatzpunkte dieser Gestaltung. Einen eindeutigen Interessenzuwachs lässt sich ebenfalls bei den zuvor beschriebenen Work-Life-Balance Maßnahmen verzeichnen. Diese Tatsache zeigt einmal mehr auf, dass nicht mehr lediglich die Höhe des Gehaltes für Arbeitnehmer entscheidend ist.[131]

5.2.5.2 Externe Employer Branding Maßnahmen

Übergeordnetes Ziel von externen Employer Branding Maßnahmen ist die gute Positionierung und Stärkung der Arbeitgebermarke um gezielt neue Mitarbeiter für das Unternehmen zu Rekrutieren. Je größer der Bekanntheitsgrad der eigenen Arbeitgebermarke ist, desto stärker ist diese im Bewusstsein von potentiellen Bewerbern verankert, wodurch diese eine erste Verbindung zum Unternehmen aufbauen. Die durch externe Employer Branding Maßnahmen gewonnene Bekanntheit als guter Arbeitgeber wird somit zum Anreiz für potentielle Bewerber sich gezielt Informationen über das bekannte Unternehmen einzuholen. Je besser sich die Arbeitgebermarke positioniert, desto deutlicher wird auch das Bild, welches der Bewerber bereits im Vorfeld der Bewerbung vom Unternehmen hat. Dies sorgt unter anderem dafür, dass der potentielle Bewerber bereits im Vorfeld der Bewerbung in der Lage ist, einen Abgleich zwischen seinen persönlichen Vorstellungen zu einem neuen Arbeitsplatz und den Angeboten, sowie Anforderungen des Arbeitgebers durchzuführen. Durch den zuvor genannten Abgleich erfolgt eine Reduzierung der Anzahl an Fehlbewerbungen, wodurch der Rekrutierungsprozess automatisch effektiver gestaltet und so Kosten für Rekrutierung gesenkt werden.[132]

Wie auch die internen Employer Branding Maßnahmen sind auch die externen Handlungsfelder von der Deutschen Employer Branding Akademie definiert und in nachfolgende vier Handlungsfelder, welche Bewerber im Rekrutierungsprozess durchlaufen, aufgeteilt. Hier bauen die operativen Maßnahmen des externen Employer Brandings die Arbeitgebermarke im Rekrutierungsmarkt

---

131   Vgl. Arbeitsratgeber, http://www.arbeitsratgeber.com (Abrufdatum: 15.06.2015).
132   Vgl. http://www.employer-branding-now.de/internes-und-externes-employer-branding
      (Abrufdatum: 15.06.2016).

auf. Diese Maßnahmen sollten strategisch dementsprechend ausgerichtet werden, dass ein attraktives wie glaubwürdiges Arbeitgeberimage entsteht.[133]

Arbeitsmarktkommunikation
Zur Arbeitsmarktkommunikation zählen typische Personalmarketingprozesse wie beispielsweise:

- Hochschul-Marketing
- Hochschulkooperationen
- Firmenkontaktmessen
- Jobmessen
- Recruiting-Events
- Jobbörsen
- Karriererubrik des eigenen Internetauftritts
- Stellenanzeigen
- Soziale Netzwerke
- Informationsbroschüren für potentielle Bewerber[134]
-

Networking
Durch Kontakte zu Hochschulen, Presse oder anderen Institutionen ergeben sich neue Möglichkeiten für die angestrebte Arbeitgebermarke. Hier zählt das Networking zu einer der bedeutendsten Handlungsfelder innerhalb des externen Employer Brandings. Auch die Vergabe von Praktika an die jeweilige Zielgruppe kann durch den innerhalb der Zielgruppe stattfindenden Austausch zu Rekrutierungserfolgen führen. Weitere Beispiele für erfolgreiches Networking könnten sein:

- Empfehlungsprogramme (Referrals)
- Alumniprogramme
- Social-Media-Aktivitäten[135]

---

133 Vgl. http://www.employer-branding-now.de/internes-und-externes-employer-branding (Abrufdatum: 15.06.2016).
134 Vgl. Nagel (2011) S. 42.
135 Vgl. Stotz, Wedel (2009) S. 115.

Bewerbermanagement

Der Kern eines Bewerbermanagements ist ein Konzept, welches über alle Berührungspunkte des Recruitings hinweg ein konsistentes Erleben der Arbeitgebermarke gewährleistet. Dies könnte durch das Führen von Interviews oder durch die Talentpoolpflege sichergestellt werden.[136] Ein erfolgreiches Bewerbermanagement zeichnet sich nicht zuletzt durch den Umgang mit eingehenden Bewerbungen aus, ungeachtet der Quantität. Durch den verantwortungsvollen Umgang wird den Bewerbern ein weiterer Eindruck des Unternehmens vermittelt.[137]

Corporate Reputation

Corporate Reputation umfasst alle Bereiche, die für den Ruf einer Organisation gegenüber allen relevanten Steakholdern verantwortlich sind. Schwerpunktmäßig betrifft dies den Transfer zwischen Unternehmens- und Arbeitgeberimage, welche durch Themenfelder wie Arbeitgeber-PR oder Corporate Social Responsibility geprägt sind.[138] Im Allgemeinen bezeichnet Reputation den Ruf eines Unternehmens, der sich aus gruppenbezogenen Wahrnehmungs- und Interpretationsvorgängen ergibt. Er informiert darüber in wie weit Dritte das Unternehmen für Vertrauenswürdig halten. Da Vertrauen in diesem Zusammenhang zu einer zentralen Komponente gehört, wird die Reputation zu einer subjektiv und kollektiv bewerteten Größe, die die Qualität der Bekanntheit des Unternehmens innerhalb der Zielgruppe angibt. Somit ist die Reputation eine flüchtige Momentaufnahme der Zielgruppe, welche unter normativer Betrachtung das geplante Soll-Image mit dem derzeitigen Ist-Image vergleicht.

5.2.6 Ressourcenplanung

Im Allgemeinen besagt die Planung von Ressourcen, dass vorhandene Ressourcen zur richtigen Zeit, am richtigen Ort und in der geforderten Art, Qualität und Menge verfügbar sind. Einzubringende Ressourcen können materieller

---

136 Vgl. http://www.employer-branding-now.de/internes-und-externes-employer-branding (Abrufdatum: 15.06.2016).

137 Vgl. Aigner, Bauer (2008) S. 66.

138 Vgl. DEBA, http:// www.employerbranding.org/ (Abrufdatum: 16.06.2016).

oder immaterieller Natur sein. Sie können beispielsweise Geld, Mitarbeiter die Wissen und Kompetenzen einbringen, verfügbare Zeit oder auch entsprechende Technologien welche verfügbar gemacht werden müssen. Bezieht man die allgemeine Ressourcenplanung auf das Employer Branding so kommt man zu einem weiteren strategischen Planungsprozess, welcher signifikant für die Einführung einer Employer Brand ist. Werden die hier betreffenden Ressourcen, finanzielle Mittel und personeller Einsatz nicht konsequent geplant, lassen sich wesentliche Maßnahmen nicht durchführen oder es können wichtige Instrumente nicht richtig oder gar nicht eingesetzt werden. Dies kann im späteren Verlauf der Markenbildung zu irreparablen Auswirkungen führen.[139]

5.2.7 Planung eines Kommunikationssystems

Die Kommunikation, die innerhalb einer Gesamtstrategie zwingend notwendig ist, ist oft ein unterschätztes Element. Im Grunde existieren zwei wesentliche Punkte innerhalb des Strategieprozesses Kommunikation. Zum einen die Bekanntmachung sowie die Interpretation der Strategie. Zum anderen, wie bei vielen Prozessen innerhalb des Employer Brandings, die andauernde Folgekommunikation. Die konsequente Ausrichtung dieser Folgekommunikation ist für einen betriebswirtschaftlich relevanten Beitrag zum Unternehmenserfolg verantwortlich. Ein aus der Praxis bekannter Vorteil der erfolgreich eingeführten Kommunikationssysteme ist der, dass zu treffende operative Maßnahmen eher Verstanden und mit weniger Gegenwehr der Mitarbeiter angenommen werden.[140] Das Employer Branding ist das Ergebnis einer Vielzahl aufeinander abgestimmter Einzelmaßnahmen und - nicht zu vernachlässigen - deren Kommunikation. Im Vergleich von Arbeitgebermarke zur Produktmarke, ist die Ausgestaltung der Markenkommunikation einer Arbeitgebermarke weitaus komplizierter. Nichts desto trotz ist das strategische und langfristige Gestalten der Markenkommunikation von entscheidender Bedeutung.[141] Demnach sollte das entstandene Kreativkonzept auf alle Handlungsfelder und öffentliche Auftritte des Unternehmens

---

[139] Vgl. Stotz, Wedel (2009) S. 119f.
[140] Vgl. Ebd.
[141] Vgl. Meffert (2002) S. 8.

ausgebreitet werden, sodass alle Maßnahmen aufeinander und auf das Ge-
samtbild der Unternehmung abgestimmt sind. Nach erfolgreich durchgeführter
Abstimmung der einzelnen Maßnahmen ist die Markierung, welche die Basis für
die Durchsetzungsfähigkeit der Marke auf dem Markt darstellt, erfolgt. [142] Inte-
grierte Instrumente wie Markenname, einzigartiger Werbeslogan, Markenzei-
chen und Schlüsselsymbole sind mitverantwortlich für den Erfolg der Markierung. Um die Assoziationen, welche beim Betrachten des Logos oder Nennen
des Markennamens hervorgerufen werden, als Wort-Zeichen-Kombination zu
verwenden, sollten alle kommunikationspolitischen Mittel durch einheitliches
Design gekennzeichnet sein. Das umfasst eine Farbgleichheit der medialen
Umsetzung sowie die einheitliche Verwendung von Farben, Formen, Typogra-
phien und visuelle Präsenzsignale.

Im Rahmen eines ganzheitlichen Kommunikationskonzeptes werden
strategische Kommunikationsziele, Botschaften und die Employer Branding
Maßnahmen vereint.[143] Die folgende Abbildung 12 veranschaulicht weiterführend die Bestandteile eines Kommunikationskonzeptes.

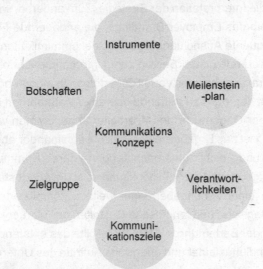

Abbildung 12: Kommunikationskonzept[144]

---

142   Vgl. Esch (2003) S. 166.
143   Vgl. Petkovic (2007) S. 219.
144   Eigene Darstellung in Anlehnung an Stotz, Wedel (2009) S. 122.

Um die einzelnen Maßnahmen der Grafik weiter zu verdeutlichen, dient Tabelle 6.

Maßnahme	Weitere Erläuterung:
Instrumente	Instrumente sorgen dafür, dass die Informationen zu der Zielgruppe übertragen werden. Auswahl der Instrumente basiert auf ausgewählte Zielgruppe, den Kommunikationszielen und den formulierten Botschaften. Alle kommunikativen Instrumente müssen auf das angestrebte Markenimage abgestimmt werden. Für eine erfolgreiche Markierung ist die Nutzung aller Kontaktpunkte notwendig.
Meilensteinplan	Durch die Erstellung eines Meilensteinplans für die ausgewählten Instrumente wird eine Reihenfolge festgelegt, wie vorgegangen werden soll. Weiter wird definiert, wann welche Zielgruppe welche Botschaften über welches Kommunikationsinstrument erhält.
Verantwortlich-keiten	Beschreibt die genaue Zuweisung von Verantwortlichkeiten. Welcher Mitarbeiter ist für welche Maßnahmen und Instrumente verantwortlich?
Kommunikations-ziele	Inhaltlich sollen die Kommunikationsziele ein Schema mit positionierungsrelevanten Assoziationen erstellen. Wirkung zeigen die Kommunikationsziele bei der Optimierung der Markenstärke. *Informierende Komponente*: Übermittlung von Informationen und Bedeutungsinhalten *Beeinflussende Komponente*: Hervorrufen von psychologischen Wirkungen
Zielgruppe	Berücksichtigung der individuellen Informationsbedürfnisse und Gewohnheiten bei der Informationsaufnahme der Zielgruppe.
Botschaften	Konkretisierung der kommunikativen Leitidee zu Botschaften, welche die Attraktivität des Arbeitgebers vermitteln, um eine zielgruppenorientierte Ansprache zu gewährleisten. Dabei ist darauf zu achten, dass eine Botschaft auch unterschiedliche Zielgruppen anspricht.

Tabelle 6: Erläuterung des Kommunikationskonzepts[145]

---

[145] Eigene Darstellung in Anlehnung an Stotz, Wedel (2009) S. 122f.

5.2.7.1 Interne Kommunikation

Ein bedeutender Schritt für den Start in eine erfolgreiche Employer Brand ist die interne Markenkommunikation. Diese sollte offen und transparent für alle Mitarbeiter gestaltet sein. Durch die interne Kommunikation im Unternehmen werden die Mitarbeiter laufend über Neuigkeiten und Veränderungen informiert. Ziel ist es, dass alle Mitarbeiter einen Eindruck der angestrebten Maßnahmen erhalten und diese verstehen und nachvollziehen können. Dadurch, dass der Mitarbeiter über die Veränderung informiert wird, wird auch sein Interesse an der Zielerreichung geweckt, was wiederum das Engagement und den Beitrag des Mitarbeiters zur Zielerreichung stärkt. Auch die Information über unangenehme Thematiken sollte mit größtmöglicher Ehrlichkeit und Klarheit kommuniziert werden. Dies wirkt Misstrauen und dem Aufkommen von Gerüchten entgegen.[146] Ein weiterer wichtiger Aspekt der internen Kommunikation ist, dass Informationen möglichst schnell an den richtigen Bestimmungsort fließen, wo diese Werte schaffen können.

Entscheidend für die Kommunikation ist die Möglichkeit überhaupt in Kontakt zu treten. Diese sollte möglichst unkompliziert sein um die Entwicklung einer effektiven, zweiseitigen Kommunikation, welche auf Augenhöhe stattfindet, zu garantieren. Beispiele für eine interne Kommunikation sind:

- Intranet

- E-Mail-Newsletter

- Skilldatenbanken

- Persönlicher Austausch

- Mitarbeiterzeitschriften und Aushänge in Aufenthaltsräumen

- Öffentliche Protokolle von Meetings

- Soziale Netzwerke

5.2.7.2 Externe Kommunikation

Die externe Kommunikation, die ebenfalls als Teilbereich des gesamten Employer Brandings gilt, befasst sich mit der Ansprache von allen nicht direkt dem

---

[146] Vgl. Stotz, Wedel (2009) S. 124.

Unternehmen zugehörigen Personenkreisen. Dabei handelt es sich beispiels-weise um:

- Potentielle Bewerber und Mitarbeiter
- Sub- und Nachunternehmer
- Organisationen und Journalisten
- Lieferanten[147]

Die externe Kommunikation sorgt dafür die Wahrnehmung der Öffentlichkeit dem Unternehmen gegenüber zu erhöhen und das gewünschte Image nach au-ßen zu transportieren. Um die Attraktivität den Zielgruppen näher zu bringen, können verschiedene Kanäle genutzt werden.

Die häufigsten Kommunikationskanäle dabei sind:
- klassische Öffentlichkeitsarbeit
- Pressearbeit
- Online PR
- Soziale Netzwerke
- Multimedia
- Mobile Marketing
- Werbung
- Recruiting Veranstaltungen

Diesbezüglich können nicht alle Instrumente als gleichwertig angesehen wer-den. Vielmehr kommst es auf die zuvor genannte Analyse der strategischen Planung an, welcher als der sinnvollste Kanal identifiziert werden kann. Je nach Zielgruppe oder dem Entwicklungsstand der externen Kommunikation kann den verschiedenen Kanälen eine unterschiedliche Gewichtung zugeordnet werden. Hinzu kommt, dass ein variables Vermischen der zuvor genannten Kanäle ge-schehen sollte. So ist die getätigte Öffentlichkeitsarbeit ebenfalls immer von Pressearbeit, Online PR und den Möglichkeiten des Social Media Networks zu

---

147 Vgl. http://www.employer-branding-now.de/externe-kommunikation (Abrufdatum: 21.06.2016).

begleiten.[148] Des Weiteren sind Presse- und Öffentlichkeitsarbeit dabei für die Vermittlung von unternehmensspezifischen Inhalten verantwortlich.

„Eine besondere Rolle kommt Social Media im Rahmen des Employer Brandings zu: Sie bieten den Vorteil, dass der Arbeitgeber mit seinem potentiellen Arbeitnehmer in einer Kommunikation auf Augenhöhe tritt."[149]

Weiterhin ist es signifikant ebenso die indirekte Kommunikation zu beeinflussen welche jegliche Kommunikation mit der Unternehmensöffentlichkeit beinhaltet. Jeder Stakeholder bildet eine eigene Meinung dem Unternehmen gegenüber und nimmt somit Einfluss auf das angestrebte Unternehmensimage. Hierdurch wird über das Unternehmen gesprochen und verbleibt in positiver Erinnerung bei potentiellen Bewerbern. Das Image sorgt aufgrund dessen dafür, dass der Arbeitgeber positiv aus der Masse hervorsticht. In Zusammenhang mit der Positionierung steht auch die Tatsache, dass ein Unternehmen den Bewerber mit Außergewöhnlichem erreichen kann. Die meisten der heutigen Stellenanzeigen sind mit zahlreichen Versprechungen und Floskeln bestückt, dass diese aufgrund der Verunsicherung der Bewerber in Gänze ignoriert werden. Die Kernbotschaft innerhalb einer Stellenanzeige sollte sich demnach auf das Wesentliche beschränken, den Kern der Employer Brand. Wenn dadurch das Interesse des potentiellen Bewerbers geweckt wird, kann dieser sich weitreichendere Informationen über zahlreiche Wege einholen. Dies kann über die eigene Internetseite oder bereits über einen abgedruckten QR-Code, welcher via Smartphone gescannt wird, geschehen. So sollen neue Werbeformate die Kommunikationskanäle vernetzen und neben der klassischen Werbung auch ein Direktmarketing durchführen.[150] Unter Direktmarketing werden alle Marketing- und Werbemaßnahmen verstanden, wobei dem Kunden oder dem potentielle Bewerber eine direkte Möglichkeit zur Ansprache geboten wird. Solche Direktmarketing-Maßnahmen können Ambient-Medien,[151] Virales Marketing[152] oder

---

148 Vgl. http://www.employer-branding-now.de/externe-kommunikation (Abrufdatum: 21.06.2016).
149 http://www.employer-branding-now.de/externe-kommunikation (Abrufdatum: 21.06.2016)
150 Vgl. Stotz, Wedel (2009) S. 129.
151 Ambient-Medien beschreiben Werbebanner auf Tellern, an Decken oder in Fahrstühlen.
152 Virales Marketing beschreibt das Schaffen von Anlässen, welche für Mundpropaganda sorgen

Guerilla Marketing[153] sein. Somit gibt es eine Vielzahl an Möglichkeiten in Kontakt zu potentiellen Mitarbeitern zu treten. Wichtig dabei ist lediglich der Grundsatz, dass das Unternehmen nicht in der Masse verschwindet.

5.3 Umsetzungsphase

Nachdem in Kapitel 5.1 die Analysephase beschrieben wurde und in Kapitel 5.2 eine Erläuterung der Planungsphase folgte, wird im vorliegenden Kapitel der für die Praxis bedeutungsvolle Teil der Umsetzungsphase beschrieben. Da dem internen Umsetzungsprozess eine entscheidende Bedeutung zugesprochen wird, ist dieser Schwerpunktmäßig behandelt. Eine Verbindung zur Praxis wird bewusst zu einem späteren Zeitpunkt der Arbeit hergestellt. Mit dieser Vorgehensweise soll ein Abgleich zwischen aktuellen theoretischen Grundlagen und ausgeübter Praxis erfolgen, aus dem im Anschluss ein idealtypischer Umsetzungsprozess beschrieben werden kann.

5.3.1 Employer Branding – Intern

Interne Employer Branding Maßnahmen beeinflussen die Unternehmenskultur aktiv, wodurch die Arbeitgeberpositionierung in täglich erlebbare Arbeitgeberqualitäten umgesetzt wird. hierbei stehen vorwiegend drei idealtypische Phasen im Vordergrund, welche je nach unternehmensspezifischer Situation in Rang- und Reihenfolge angepasst werden können. Die in der nachfolgenden Grafik (Abbildung 13) genannten Phasen bilden somit das Fundament der internen Employer Branding Aktivitäten bezogen auf die Umsetzung.

---

[153] Guerilla Marketing zeichnet sich durch lebendige Werbung aus. Beispiele hierfür sind: Körperwerbung und Promotionen im Hochschulmarketing.

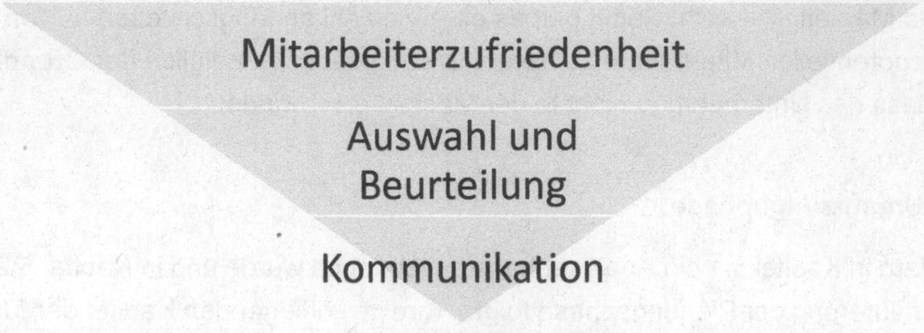

Mitarbeiterzufriedenheit

Auswahl und
Beurteilung

Kommunikation

Abbildung 13: Drei Phasen des Umsetzungsprozesses[154]

Des Weiteren lassen sich die in der Tabelle 7 des Kapitels 5.3.1.4 abgebildeten instrumentellen Maßnahmen in die Phasen des Umsetzungsprozesses integrieren.

5.3.1.1 Mitarbeiterzufriedenheit

Die allgemeine Definition des Begriffs Zufriedenheit trifft nicht grundlegend den Kern des Begriffs Mitarbeiterzufriedenheit. Um Fehlinterpretationen zu vermeiden, wird aufgrund dessen vorerst die Mitarbeiterzufriedenheit genauer erläutert. Die Mitarbeiterzufriedenheit beschreibt eine Zufriedenheit, die sich in Engagement und Loyalität seinem Arbeitgeber gegenüber auszeichnet. Aus dem Grund der häufigen Fehlinterpretationen gehen viele Unternehmen dazu über, die Ergebnisse aus Mitarbeiterbefragungen als Mitarbeiter-Engagement-Index (MEI) und nicht wie bisher als Mitarbeiterzufriedenheitsindex zu führen.

Da unzufriedene Mitarbeiter keine engagierten und loyalen Mitarbeiter sein können, ist das oberste Ziel des strategischen Human-Capital-Managements, der zufriedene Mitarbeiter. In diesem Sinne darf sich die Zufriedenheit aber nicht als Sattheit, Trägheit oder Behäbigkeit auswirken, sondern sollte dem Mitarbeiter ein betriebliches Umfeld verschaffen indem er sich wohl fühlt und indem er in der Lage ist, seine vorhandenen Fähigkeiten abzurufen und sein Potential weiter zu entfalten.[155] Daher ist der zuvor genannte MEI mit den dazu-

---

154 Eigene Darstellung in Anlehnung an Stotz, Wedel (2013) S. 118.
155 Vgl. Stotz, Wedel (2013) S. 118.

gehörigen Prozessen eine unverzichtbare Kern-Komponente. Die Auswirkungen dieser Kern-Komponente werden nur zu häufig unterschätzt, was verdeutlicht, dass die Zufriedenheit des Mitarbeiters nicht oft genug erwähnt werden kann.

Um die Mitarbeiterzufriedenheit ermitteln und auch beeinflussen zu können, ist es sinnvoll den IST-Zustand der Mitarbeiterzufriedenheitssituation zu erfragen. Um einen geeigneten Fragebogen erstellen zu können, ist es weiterhin von entscheidender Bedeutung, die Einflussgrößen, welche die Zufriedenheit beeinflussen, genauer zu erörtern.

Einflussgröße	Erläuterung
Direkte Vorgesetzte	Durch den direkten Vorgesetzten können viele emotionale Bedürfnisse erfüllt werden oder offenbleiben. Des Weiteren ist der direkte Vorgesetzte der häufigste Beweggrund zur innerlichen Kündigung.
Entwicklungs-möglichkeiten	Hohe Wertschätzung der Mitarbeiter fällt ebenfalls auf die jeweiligen Entwicklungsmöglichkeiten. Diese betreffen die persönlichen als auch die fachlichen Entwicklungsmöglichkeiten.
Arbeitsbedin-gungen	Beschreibt das gesamte Umfeld indem der Mitarbeiter seine Leistung erbringt. Die Arbeitsbedingungen erstrecken sich von der Ausstattung des Arbeitsplatzes über die Arbeitszeitregelungen bis hin zur Sinnhaftigkeit der Tätigkeit.
Kollegialität / Teamarbeit	Eine unerfüllte kollegiale Zusammenarbeit lässt emotionale Bedürfnisse unerfüllt. Eine erfüllende Kollegialität befriedigt diese Bedürfnisse und führt in Verbindung mit einer guten Führung zu höheren Teamleistungen als diese von Einzelleistungen der Teammitglieder abrufbar wären.
Information und Kommunikation	Vorab wichtig zu wissen ist der Unterschied zwischen Information und Kommunikation. Information beruht auf einem einseitigen Verständnis und Kommunikation auf einem beidseitigen Austausch. Ein rechtzeitiger und umfassender Austausch von Informationen erfüllt bestimmte Mitarbeiterbedürfnisse.
Arbeitsklima	Bei einer guten Zusammenarbeit zwischen Kollegenkreis, Vorgesetzten und Unternehmensleitung entsteht ein Arbeitsklima, in dem sich Mitarbeiter wohl fühlen und sich so in vielfältiger Weise entfalten können.

Einflussgröße	Erläuterung
Kompensation / Einkommen	Mehr noch als die absolute Höhe des Gehaltes wirkt sich die als gerecht und leistungsorientierte empfundene Vergütung auf Zufriedenheit der Mitarbeiter aus.
Identifikation	Alle zuvor genannten Größen beeinflussen den Grad des Dazugehörigkeitsgefühls, welches wiederum für eine Identifikation mit dem Unternehmen sorgt.

Tabelle 7: Erläuterung von Einflussgrößen der Mitarbeiterzufriedenheit[156]

Des Weiteren soll der Kreislauf einer Mitarbeiterzufriedenheitsermittlung aufgeführt werden. Dieser zeigt, dass die Zufriedenheit der Mitarbeiter nie als abgeschlossener Prozess gewertet werden darf und kontinuierlich weiter fortgeführt werden muss.

Abbildung 14: Kreislauf zur Mitarbeiterzufriedenheitsermittlung[157]

Erläuternd zu Abbildung 14 gilt, dass die Ermittlung der Mitarbeiterzufriedenheit stets mit der persönlichen oder schriftlichen Befragung, welche in Form von einheitlichen und leicht verständlichen Fragebögen stattfinden kann, beginnt. Diese kann entweder anonymisiert oder personalisiert durchgeführt werden. Der Vorteil einer anonymisierten Umfrage liegt darin, dass die Zufriedenheit wesentlich kritischer betrachtet wird. Dies beruht darauf, dass ein schüchterner oder zurückhaltender Mitarbeiter wahrscheinlich nicht den Mut hat, auf einem Fragebogen auf dem sein Name steht, zu schreiben, dass er unzufrieden mit der Arbeitssituation ist. Andernfalls würde der personalisierte Fragebogen den

---

156 Eigene Darstellung in Anlehnung an Stotz, Wedel (2013) S. 120f.
157 Eigene Darstellung in Anlehnung an Stotz, Wedel (2013) S. 121.

Einstieg in ein Feedbackgespräch erleichtern, wodurch der darauffolgende Prozess, das Einholen von Feedback, bereits eingeleitet werden würde. So gilt es für die jeweilige Unternehmung einzuschätzen, welches Prozedere ein realitätsnahes Ergebnis bringen wird. Dem Unternehmen ist nicht geholfen, wenn die personalisierten Fragebögen eine hohe Mitarbeiterzufriedenheit hervorbringen, dies aber nur auf den Ängsten der Mitarbeiter beruht die Wahrheit zu notieren.

Der nächste Schritt einer solchen Mitarbeiterzufriedenheitsermittlung ist das Feedbackgespräch. Dieses wird in der Regel Top-Down durchgeführt und vergleicht das eigene Ergebnis mit dem vergleichbarer Organisationseinheiten.[158] Solche Feedbackgespräche sollten bis in die Abteilungsebene oder sogar bis auf die Teamebene heruntergebrochen werden.[159] Innerhalb eines solchen Feedbackgesprächs werden die einzelnen Organisationseinheiten verglichen und analysiert. Teilnehmen sollten alle Mitarbeiter der jeweiligen Organisationseinheit um gemeinsam die gewünschten Maßnahmenpläne zu entwickeln. Dies geschieht frei nach dem Motto: „Nur wer sich einbringt, kann auch etwas verändern". Die festgesetzten Pläne sollten im nächsten Schritt inhaltlich, wie auch zeitlich umgesetzt werden. Durch diese Strukturierung können die Mitarbeiter eigenverantwortlich bestimmen auf welche HR-Produkte sie besonders Wert legen. Dadurch wird die Gefahr minimiert, dass die pro-aktive Umsetzung denkbarer instrumenteller Maßnahmen an den Bedürfnissen der Mitarbeiter vorbeigeht.[160] Der Kreis wird durch die nächste Befragung der Mitarbeiter geschlossen. Diese Befragung gibt zum einen den Erfolg der umgesetzten Maßnahmenpläne wieder, zum anderen wird zeitgleich der Kreislauf erneut in Gang gesetzt. Über mehrere Jahre hinweg entsteht so ein reflektierendes Bild über die Entwicklung und den aktuellen Stand der Mitarbeiterzufriedenheit im Unternehmen.

5.3.1.2 Auswahl und Bewertung der Mitarbeiter

Grundsätzlich dient die Bewertung und Beurteilung von Mitarbeitern als Komponente des Belohnungssystems für Mitarbeiter. Sie dient weiter als Mittel zur

158 Vgl. Stotz, Wedel (2013) S. 121.
159 Vgl. Ebd.
160 Vgl. Ebd.

Qualitätssicherung oder gar Qualitätsverbesserung einer Organisationsabtei-
lung. Insbesondere in dieser Arbeit wird der Einzugsbereich auch auf die Auswahl von Mitarbeitern erweitert, da die Auswahl und die spätere Beurteilung von
Mitarbeitern zu den erfolgsentscheidenden Kerngeschäften eines Unternehmens gehören. Es kristallisiert sich immer deutlicher heraus, dass nicht nur die
Frage, ob der Mitarbeiter zum Unternehmen passt, sondern auch ob das Unternehmen zum Mitarbeiter passt, beantwortet werden muss. Dazu ist der Einsatz
von geeigneten Instrumenten, welche vom ersten Kontakt an eine offene und
vertrauensvolle Atmosphäre schaffen, von entscheidender Bedeutung. Viele
Unternehmen, in denen das Thema Employer Branding noch keinen Einzug erhalten hat, beschäftigen sich somit zu sehr mit gewöhnlichen Auswahlprozes-
sen, die lediglich die fachlich-sachlichen Aspekte herausstellen und vernachlässigen die ebenso wichtigen *soft-skills*[161]. Hierbei handelt es sich um die innere
Einstellung der Mitarbeiter, welche einen ebenso großen Anteil am Projekterfolg
haben, wie die klassischen *hard-skills*[162].

Für die Auswahl und Beurteilung von Mitarbeitern sind die folgenden
Punkte von entscheidender Bedeutung. Eine weitere Erläuterung dieser soll im
Rahmen der vorliegenden Arbeit jedoch nicht stattfinden.

- Detaillierte Stellenbeschreibung
- Das Anforderungsprofil
- Das Auswahlverfahren
- Das strukturierte Interview im Auswahlverfahren
- Die Selbsteinschätzung
- Die Probezeit

Die Autoren Stotz und Wedel stellen die detaillierte Stellenbeschreibung in Zei-
ten des schnellen Wandels jedoch als nicht zielführend heraus. Diese Art der

---

161 Soft-Skills sind zu Deutsch übersetzt weiche Faktoren. Sie beschreiben die außerfachli-
     chen bzw. fächerübergreifenden Kompetenzen eines Mitarbeiters, welche die Persön-
     lichkeit des Mitarbeiters direkt betreffen und über fachliche Fähigkeiten hinausragen.
162 Hard-skills sind zu Deutsch übersetzt harte Faktoren. Sie umschreiben rein berufstypi-
     sche Qualifikationen, welche durch Zeugnisse und Leistungstest objektiv sichtbar ge-
     macht werden können.

Stellenbeschreibung sei wenig Kundenorientiert und oft bereits bei Fertigstellung der Beschreibung wieder veraltet. Demnach wird empfohlen ein detailliertes Anforderungsprofil, was an den Bewerber weitergereicht wird, zu erstellen. Positiver Nebeneffekt des erstellten Anforderungsprofils ist, dass die Selbsteinschätzung des Bewerbers bereits bekannt wird. Besondere Effektivität wird auch dem strukturierten Interview zugesprochen. Hierbei werden neben dem Inhalt des Interviews ebenfalls die Rolle des Interviewers sowie die anschließende Auswirkung auf den Befragten große Stellenwerte zugerechnet.

5.3.1.3 Kommunikation

Innerhalb des internen Employer Branding Prozesses bildet die Kommunikation, welche sich durch einfache Mitarbeitergespräche am einfachsten führen lässt, eine tragende Säule. Viele Mitarbeitergespräche werden eher situativ, ohne eine vorherige Planung und demnach zufällig, geführt. Es gibt aber auch die Form von Mitarbeitergesprächen, die geplant, inhaltlich vorbereitet und in einem sich regelmäßig wiederholendem Turnus stattfinden. Dabei spricht man vom strukturierten Mitarbeitergespräch. Welche Aspekte ein solches Mitarbeitergespräch beinhaltet, zeigt die folgende Grafik. (Abbildung 15)

Abbildung 15: Aspekte des strukturierten Mitarbeitergesprächs[163]

Ein solches Gespräch reflektiert zumeist eine vergangene Zeitspanne. In aller Regel wird hier ein halbjährlicher oder ganzjährlicher Turnus gewählt. Darauf aufbauend wird die aktuelle Situation beschrieben und im Anschluss eine Ziel-

---

[163] Eigene Darstellung in Anlehnung an Stotz, Wedel (2013) S. 129.

setzung für die zukünftige Zusammenarbeit erarbeitet. Wichtig dabei ist zu beachten, dass Ergebnisse und Ziele des Gesprächs dokumentiert werden. Nur
so lässt sich im Späteren eine Soll-Ist-Analyse anstellen.

In Bezug auf Employer Branding dient das strukturierte Mitarbeitergespräch als Kernprozess, da hier auf die Beziehung zwischen Arbeitgeber und
Arbeitnehmer verwiesen wird. Oberstes Ziel dabei ist es, mit der jeweils anderen
Person in Kontakt zu treten und die Sichtweise/Position des Gegenübers zu
verstehen. Falls Konflikte bestehen oder im Verlauf des Gesprächs entstehen,
sollen gemeinsam Lösungsansätze erarbeitet werden, was im Endeffekt dem
Arbeitgeber wie auch den Arbeitnehmer gestärkt aus dem Gespräch hervorge-
hen lässt. Inhalte, die ein solches Gespräch prägen, können sein:

- Emotionalität
- Arbeitsinhalte
- Quantitative Aspekte
- Arbeitsumfeld
- Führung und Zusammenarbeit
- Perspektiven und Ziele
- Bilanz
- SWOT-Analyse[164]

5.3.2 Employer Branding – Extern

Im Grunde wird das externe Employer Branding in lediglich zwei Bereiche ge-
gliedert: Networking und Bewerbermanagement. Unter dem Networking versteht man das Aufbauen und stetige Pflegen von sämtlichen Kontakten zu
Hochschulen, Vereinen oder Presse. Das Networking öffnet dem Unternehmen
viele Türen, weswegen ihm auch ein hoher Stellenwert im externen Employer
Branding zugewiesen wird. Eine Form von Networking stellt auch das Anbieten
von studentischen Praktika, welche als wirkungsvolle Methode für eine spätere
Rekrutierung gilt, dar. Dadurch, dass Arbeitgeber und Arbeitnehmer sich während des Praktikums bereits kennen lernen, kann auch über eine eventuelle

---

164 Vgl. Stotz, Wedel (2013) S. 130.

spätere Festanstellung leichter entschieden werden.[165] Der zweite Bereich, das professionelle Bewerbermanagement, spart nicht nur Zeit und Kosten, sondern beeinflusst aktiv Einfluss die Arbeitgeberwahl des Bewerbers. Denn aufgrund einer weniger guten Behandlung des Bewerbers während des Vorstellungsgespräches kann dies vorentscheidend für den Bewerber sein. Die gemachten Erfahrungen werden selbstverständlich im Freundes- und Bekanntenkreis berichtet und nehmen so weiter Einfluss auf die Rekrutierung. Aufgrund dessen sollte eine klare Strukturierung der Prozesse, von der Eingangsbestätigung der Bewerbung, der Beurteilung der Bewerbungsunterlagen, der Vorauswahl bis hin zur Einladung zum Vorstellungsgespräch und den Auswahlmöglichkeiten, stattfinden.

5.3.3 Instrumentelle Maßnahmen

Die zuvor erläuterten internen und externen Prozesse des Employer Brandings werden im Folgenden durch konkrete instrumentelle Maßnahmen ergänzt. Um eine übersichtliche Struktur zu erstellen werden die verschiedenen Maßnahmen wiederum in interne und externe Maßnahmen und weiter in die jeweiligen Prozesse unterteilt. Die jeweiligen Maßnahmen werden in den folgenden Tabellen 8 bis 15 erfasst und in den jeweils zugehörigen Spalten kurz erläutert.

Interne instrumentelle Maßnahmen

Interne Rekrutierung	
Berufsausbildung	Berufliche Erstausbildung nach Ausbildungsplan bestehend aus Berufsschulunterricht und fachpraktischer Ausbildung.
Duales Studium	Interne Berufsausbildung in Kombination mit einem Studium an einer Berufsakademie.
Trainee-Programm	Zwölf-monatiges Rotationsprogramm wobei Trainee verschiedene Unternehmensbereiche durchläuft um so unternehmensübergreifende Prozesszusammenhänge zu erfahren.
Job-Rotation	Planmäßiger, wechselseitiger Tausch von Arbeitsplätzen bzw. betrieblichen Aufgaben zur Entwicklung von Nachwuchskräften. Ziel: Steigerung der Einsatzflexibilität und Entwicklung von Verständnis über Prozesszusammenhänge.
Nachfolgeplanung	Besetzung freier Stellen durch interne Potentialträger.

Tabelle 8: Maßnahmen interner Rekrutierung[166]

---

165 Vgl. Stotz, Wedel (2013) S. 99f.
166 Vgl. Stotz, Wedel (2013) S. 96f.

Mitarbeiterintegration	
Strukturiertes Integrationsprogramm	Abfolge systematischer Einzelmaßnahmen um neue Mitarbeiter möglichst schnell relevanten Informationen zuzuspielen und ins Unternehmen zu integrieren.
Mentoring	Einführung des neuen Mitarbeiters in informelle Strukturen durch einen Mentor.
Strukturiertes Reintegrationsprogramm	Abfolge systematischer Einzelmaßnahmen für Reintegrations eines Expatriatens[167].

Tabelle 9: Maßnahmen zur Mitarbeiterintegration[168]

Mitarbeiterbindung	
Entgeltliche Maßnahmen	
Prämien/Boni	Integration von erfolgs- und/oder leistungsabhängigen Entgeltbestandteile in das Gehalt des Mitarbeiters.
Sonderzahlungen	Zahlung von Sonderzahlungen wie Urlaubsgeld oder Weihnachtsgeld.
Mitarbeiteraktien	Materielle Beteiligung der Mitarbeiter am wirtschaftlichen Erfolg des Unternehmens.
Umzugskostenerstattung	Übernahme der etwaigen Umzugskosten des neuen Mitarbeiters.
Benefits	
Betriebliche Altersvorsorge	Geförderte oder unterstützte Leistungen zur Absicherung der Alterseinkünfte, welche durch den Arbeitgeber finanziert werden, als Ergänzung zur gesetzlichen Rente.
Deferred Compensation	Entgeltumwandlung, die eine betriebliche Versorgungszusage bezeichnet, welche durch einen Verzicht auf Barbezüge finanziert wird und der Verbesserung der Altersvorsorge und der Optimierung der Nutzen-Kosten-Relation der Arbeitsvergütung ohne nennenswerte Zusatzkosten für das Unternehmen dient.
Zusatzversicherungen	Angebot von Zusatzversicherungen wie Auslandskrankenversicherung, private Zusatzversicherung, Unfallversicherung, etc.
Fahrtkostenzuschuss	Mitarbeiter erhalten Fahrtkostenzuschuss.
Betriebsferien	Organisation von Betriebsfeiern wie Sommerfest, Weihnachtsfeier etc.

---

[167] Expatriate beschreibt die Fachkraft eines international tätigen Unternehmens, welche an eine ausländische Zweigstelle entsandt wurde.

[168] Vgl. Stotz, Wedel (2013) S. 96f.

Mitarbeiterbindung	
Betriebssport	Angebot von Subventionen für Sportangebote an denen Mitarbeiter teilnehmen.
Ferienwohnung	Günstige Vermietung firmeneigener Ferienwohnungen.
Mitarbeiterreise	Organisation und Subvention von Reisen für Mitarbeiter.
Dienstwagen	Zur Verfügung stellen eines Dienstwagens als Add-On oder durch eine Gehaltsumwandlung.
Kinderbetreuungszuschuss	Zuschuss des Arbeitgebers für die Kinderbetreuung des Mitarbeiters oder Angebot eines kostenlosen betrieblichen Kindergartens.
Mitarbeiterbonuskarte	Bonuskarte, welche einen vergünstigten Einkauf im eigenen Unternehmen oder in teilnehmenden Unternehmen ermöglicht.
Partizipation	
Ideenmanagement	Für Ideen, die zu Verbesserungen von Arbeitsabläufen oder der Qualität der Produkte führen, erhält der Mitarbeiter einen Bonus.

Tabelle 10: Maßnahmen zur Mitarbeiterbindung[169]

Austritt des Mitarbeiters	
Trennungskultur	Verhalten des ausscheidenden Mitarbeiters gegenüber.
Austrittsinterviews	Regelmäßige Befragung ausgeschiedener Mitarbeiter. Befragung kann standardisiert und mündlich oder schriftlich stattfinden.
Newsletter für ehemalige Mitarbeiter	Regelmäßige Information ausgewählter ehemaliger Mitarbeiter über aktuelle Thematik. Ziel ist es, den Mitarbeiter zurück zu gewinnen

Tabelle 11: Maßnahmen bei Austritt des Mitarbeiters[170]

Mitarbeiterführung	
Anforderungsprofil	Beschreibung aller benötigten und wünschenswerten Voraussetzungen und Kompetenzen einer Person für die Position.
Mitarbeitergespräch/ Zielvereinbarung	Strukturiertes, regelmäßiges Gespräch zwischen Mitarbeiter und Vorgesetzten. Ziel: Reflektion der Leistungen und Ergebnisse des vergangenen Zeitabschnittes sowie Planung der zukünftigen Abschnitte.

---

[169] Vgl. Stotz, Wedel (2013) S. 96f.
[170] Vgl. Stotz, Wedel (2013) S. 96f..

Mitarbeiterführung	
Management-Audits zur Standortbestimmung	Systematische Potential- und Aufgabenanalyse. Ziel: Optimale Stellenbesetzung.
Vorgesetzten-Feedback	Regelmäßiges Feedback der Mitarbeiter an den Vorgesetzten.
360 Grad Feedback	Beurteilung von Fach- und Führungskräften durch alle in kontaktstehenden Bezugspersonen.
Qualifizierungsprogramme	Maßnahmen zur systematischen Förderung aller für die Arbeitsaufgaben notwendigen Kompetenzen.
Entwicklungsprogramme	Alle systematischen fachlichen und überfachlichen Personalentwicklungsmaßnahmen, die den Mitarbeiter in seinen Kompetenzen stärken.
Mentoring	Persönliche Betreuung eines Mitarbeiters durch einen hierarchisch höher gestellten Mitarbeiter.
Coaching	Individuelle Begleitung und Unterstützung bei der Entfaltung des fachlichen und überfachlichen Potentials des Mitarbeiters durch eine Führungskraft.

Tabelle 12: Maßnahmen zur Mitarbeiterführung[171]

Gestaltung des Arbeitsumfeldes	
Gesundheitsmanagement	Maßnahmen zur Erhaltung oder Steigerung der gesundheitsbedingten Leistungsfähigkeit der Mitarbeiter.
Arbeitsmedizinischer Dienst	Arbeitsmedizinische Betreuung aller Mitarbeiter.
Bürogebäude	Größe, Gestaltung, Ausstattung und Zustand von Bürogebäuden und Außenanlagen.
Innovative Bürokonzepte	Zukunftsorientierte Kommunikations- und Organisationskonzepte zur effizienteren Arbeits- und Prozessgestaltung.
Telearbeitsplätze	Angebot von Heimarbeit und Erbringung der Arbeitsleistung von außerbetrieblichen Örtlichkeiten.
Arbeitsplatz	Ausstattung des Arbeitsplatzes bezüglich Arbeitsmitteln, Hygiene und Sauberkeit sowie die Einwirkung von Störfaktoren.
Flexible Arbeitszeitsysteme	Einführung verschiedener Arbeitszeitmodelle.
Interne Treffpunkte für Mitarbeiter	Angebot von möglichen Treffpunkten im Unternehmen, welche die Möglichkeit zum Austausch bieten.

Tabelle 13: Maßnahmen zur Gestaltung des Arbeitsumfeldes[172]

---

[171] Vgl. Stotz, Wedel (2013) S. 96f.
[172] Vgl. Ebd.

Externe instrumentelle Maßnahmen

Networking	
Praktikantenprogramme	Temporäre Beschäftigung von Schülern und Studenten zur Erlangung erster Berufserfahrungen.
Werkstudentenprogramme	Beschäftigung von Studenten während des Studiums.
Diplomanden-/ Bachelor- und Masterprogramme	Beschäftigung von Studenten, die Unternehmensbegleitend ihre Abschlussarbeit verfassen.
Doktorandenprogramme	Beschäftigung von Promotionsstudenten, die Unternehmensbegleitend ihre Dissertation verfassen.
Wettbewerb für Schüler und Studenten	Ausschreibung von Preisgeldern oder Preisen für besonders gut erfüllte und unternehmensbezogene Aufgaben.
Direkte Kommunikation zu Lehrstühlen und Hochschulen	Direkte Kontaktaufnahme zu Dekanaten von relevanten Studiengängen, aus denen Vakanzen besetzt werden können.
Partnerschaften/Sponsoring	Unterstützung von zielgruppen-relevanten Studenten oder ganzen Lehrstühlen im Rahmen von Forschungsaufgaben, Vergabe von Stipendien und Informationsveranstaltungen etc..
Exkursion/Werksführung	Informationsveranstaltungen und Betriebsführungen als imagefördernde Maßnahme des Unternehmens.
Lehraufträge an Schulen und Hochschulen	Einsatz von Mitarbeitern als Gastdozenten an Schulen oder Hochschulen.
Kooperation mit studentischen Unternehmensberatungen	Vergabe von Projekten an studentische Unternehmensberatungen von zielgruppen-orientierten Hochschulen.
Workshops und Unternehmensplanspiele	Durchführung von Unternehmensplanspielen in Kooperation mit Schulen und Hochschulen.

Tabelle 14: Maßnahmen zum Networking[173]

---

[173] Vgl. Stotz, Wedel (2013) S. 99f.

Bewerbermanagement	
Pflege von Bewerberpool	Aufrechterhaltung von Kontakten zu geeigneten Bewerbern.
Online-Bewerbungstool	Automatisierte, standardisierte Abwicklung eingehender Online-Bewerbungen.
Verhaltenskodex gegenüber Bewerbern	Klar definierte und festgeschriebene Verhaltensregeln gegenüber Bewerbern.
Interviewleitfaden	Erstellung eines Leitfadens zur Führung von Bewerbungsgesprächen mit an das Anforderungsprofil angepassten Fragen und Diskussionsthemen.
Telefoninterview	Telefongespräch zur Überprüfung der grundsätzlichen Eignung des Bewerbers vor einem persönlichen Kontakt.
Bewerbungsgespräch	Persönliches Gespräch zwischen jeweiliger Fachabteilung und dem Bewerber. Ziel: Feststellung der fachlichen wie persönlichen Eignung.
Arbeitsprobe	Kurzfristiges Arbeiten zur Probe auf der zu besetzenden Stelle. Ziel: Arbeitnehmer und Arbeitgeber prüfen ob die Vakanz durch den Bewerber besetzt werden kann, und umgekehrt durch den Bewerber besetzt werden möchte.
Assessment-Center	Verfahren zur Ermittlung und Bewertung von Verhaltensweisen von Bewerbern in simulierten Praxissituationen.

Tabelle 15: Maßnahmen zum Bewerbermanagement[174]

5.4 Kontrolle

Alle Prozesse und Maßnahmen innerhalb eines Unternehmens kosten Geld und müssen demnach auf Wirtschaftlichkeit geprüft werden. Dies gilt ebenfalls für den Prozess des Employer Brandings. Sobald ein solcher Employer Branding Prozess gestartet und die Arbeitgebermarke kommuniziert und umgesetzt wurde, ist es von entscheidender Bedeutung, die entsprechenden Maßnahmen und Aktivitäten zu evaluieren. Solch eine Erfolgsmessung sollte aufgrund der

---

[174] Vgl. Stotz, Wedel (2013) S. 100.

stetigen Weiterentwicklung kontinuierlich stattfinden und eindeutig definierte Indikatoren vorweisen können.[175] Die Messung des Erfolges der eingeführten Arbeitgebermarke dient dabei folgenden Zwecken:

- Liefert eine Bestätigung, dass mit den eingesetzten finanziellen, sachlichen und personellen Mitteln eine größtmögliche Wirkung erzielt wird
- Ermöglicht die Erstellung einer Kosten-Nutzen-Bilanz
- Liefert konkrete Hilfestellungen bei Entscheidungen während des Strate-
  gie- und Umsetzungsprozesses[176]

Weiterhin wird eine solche Evaluation dazu herangezogen, den Management-
prozess des Employer Brandings in allen Stufen und auf allen Ebenen zu steuern und zu regeln. Zudem sollen zählbare Größen hervorgebracht werden, welche zu Korrekturen von laufenden Programmen herangezogen werden können
und eine neue Basis für künftige Planungen schaffen. Die Erhebung und stetige
Evaluierung kontrolliert die Resonanz der Maßnahmen - intern wie extern - analysiert die personalrelevanten Kennzahlen und die Entwicklung der Medienprä-
senz sowie die Auswirkung einer Kampagne auf die Reputation der Arbeitgebermarke. Um einen weiteren Einblick und eine Handlungsführung innerhalb
der Kontrolle von Employer Branding zu erlangen, werden in den folgenden Abschnitten der vorliegenden Arbeit die verschiedenen Kennzahlen genauer vorgestellt und Instrumente bzw. Werkzeuge für eine optimale Kontrolle vorgestellt.

5.4.1 Kennzahlen des Employer Brandings

Steigende Ausgaben für Rekrutierung und eine wachsende Fluktuation sind An-
zeichen, dass das Employer Branding, sowohl hinsichtlich der Auswirkungen
auf die Personalentwicklung, als auch auf die kommunikativen Ergebnisse einer
Bewertung, durch aussagekräftige Kennzahlen unterzogen werden sollte. Da
das Personalmanagement in der Kontrollphase des Employer Brandings auf
Leistungen und Angebote des Arbeitgebers sowie HR Prozesse hinsichtlich Re-

---

[175] Vgl. Trost (2009) S. 70.
[176] Vgl. Immerschmitt (2014) S. 245.

cruiting- und Bewerbermanagement zu untersuchen ist, werden vorerst die allgemeinen Kennzahlen des Personalmanagements einer Betrachtung unterzogen.

- Personalstruktur
  - o Qualifikationsstruktur
  - o Durchschnittsalter der Mitarbeiter
  - o Altersverteilung
  - o Durchschnittsdauer der Betriebszugehörigkeit
  - o Frauenquote
- Personalbedarf und -beschaffung
  - o Nettopersonalbedarf
  - o Pensionierungsquote
  - o Bewerber pro Stelle
  - o Aktive Bewerbungen
  - o Effizienz der Rekrutierungswege
  - o Verteilung Auszubildende/Absolventen/Professionals
- Personaleinsatz
  - o Vorgabezeit
  - o Leistungsgrad
  - o Überstundenquote
  - o Leistungsspanne
  - o Entsendungsquote
  - o Rückkehrquote
  - o Arbeitsplatzstruktur
  - o Verteilung Jahresurlaub
- Personalerhaltung
  - o Fluktuationsrate
  - o Unfallhäufigkeit
  - o Ausfallzeiten
  - o Entgeltstrukturanalyse

- o Erfolgsbeteiligung je Mitarbeiter
- o Mitarbeiterbefragung
- Personalentwicklung
  - o Ausbildungsquote
  - o Struktur der Bildungsmaßnahmen
  - o Weiterbildungszeit je Mitarbeiter
  - o Weiterbildungskosten je Tag und Teilnehmer
- Personalfreisetzung
  - o Sozialplankosten je Mitarbeiter
  - o Abfindungsaufwand
  - o Kündigungsquote
  - o Anteil Kündigungsgespräche[177]

Die zuvor genannten Kennzahlen sollen aus dem jeweiligen Blickwinkel des Arbeitgebers betrachtet und anschließend mit branchenüblichen Werten in eine Relation gesetzt werden. Unternehmenseigene Werte, die stark von branchenüblichen Werten abweichen, sind Referenzgrößen, welche in den Fokus der Optimierung rücken sollten. Durch die kontinuierliche Betrachtung der Kennzahlen und dadurch dass längst nicht alle Kennzahlen zu Handlungsempfehlungen führen, bleiben nur wenige Kennzahlen übrig, welche durch geringen Aufwand kontrolliert und mit den Unternehmenszielen abgeglichen werden können.[178] Gerade der Einsatz von Pragmatismus und die Reduktion von Komplexität, mit denen die Kennzahlen ausgewertet werden, stellen eine Schlüsselfunktion für das Employer Branding dar. So soll ein Unternehmen lediglich eine überschaubare Anzahl an Messgrößen, die verhältnismäßig leicht messbar sind und eine Korrelation zu den Employer Branding Maßnahmen aufweisen, evaluieren.[179] Im Anschluss der Betrachtung der allgemeinen Kennzahlen können praxisnahe Kennzahlen herausgestellt werden. Da im Verlauf der Arbeit eine Teilung zwischen internen und externen Maßnahmen unterschieden wurde, werden die

---

[177] Vgl. https://www.haufe.de/personal/personal-office-premium/personalcontrolling-kennzahlen_idesk_PI10413_HI2808812.html (Abrufdatum: 02.07.2016).
[178] Vgl. Immerschmitt (2014) S. 255f.
[179] Vgl. Hanke, Hübner (2010) S. 44.

praxisnahen Kennzahlen ebenfalls in interne und externe Wirkungsbereiche unterteilt.

Interne Kennzahlen

Interne Kennzahlen des Controllings beziehen sich auf die Messung des Erfolges der internen Employer Branding Maßnahmen. Diese sind wiederum in verschiedene Wirkungsbereiche eingeteilt, sodass bei der Auswertung der Kennzahlen ein Handlungsbereich herausgestellt wird. Tabelle 16 stellt diesen Zusammenhang vereinfacht dar.

Wirkungsbereich	Kennzahl
Mitarbeiterbindung	- Mitarbeiterzufriedenheit
	- Verweildauer von Leistungsträgern
	- Unerwünschte Fluktuation
	- Erwünschte Fluktuation
Unternehmenskultur	- Bewertung des Arbeitsklimas
	- Vertrauen in die Unternehmensführung
	- Krankenstand
	- Identifikation mit Zielen und Werten des Unternehmens
Leistung und Ergebnis	- Qualität der Arbeitsergebnisse
	- Dauer der Einarbeitung
	- Mitarbeiterloyalität
	- Grad der Eigenverantwortung

Tabelle 16: Interne Kennzahlen für das Employer Branding[180]

---

180 Eigene Darstellung in Anlehnung an Immerschmitt (2014) S. 245.

Externe Kennzahlen

Deckungsgleich zu den internen Kennzahlen messen die externen Kennzahlen den Erfolg der externen Employer Branding Maßnahmen. Auch hier kann durch die Aufteilung in die Wirkungsbereiche im Anschluss der Auswertung ein Handlungsbereich definiert werden, wie Tabelle 17 aufzeigt.

Wirkungsbereich	Kennzahl
Mitarbeitergewinnung	- Dauer der Stellenbesetzung
	- Fehlbesetzungsquote
	- Auflösung innerhalb der Probezeit
	- Kosten pro Einstellung
	- Bewerberpassung
Unternehmensmarke	- Reputation des Arbeitgebers im Social Web
	- Pressebereichte über den Arbeitgeber
	- Grad der Kundenzufriedenheit
Leistung und Ergebnis	- Qualität der Produkte / Dienstleistungen
	- Image und Außendarstellung des Unternehmens

Tabelle 17: Externe Kennzahlen für das Employer Branding[181]

5.4.2 Kontrollwerkzeuge

Aufgrund der mangelnden Anzahl von beschriebenen Vorgehensweisen in der aktuellen Literatur, wird im Folgenden lediglich eine allgemeine aber häufig angewandte Form der Kontrolle aufgeführt.

Balanced Scorecard (BSC)

Um Unklarheiten durch „weiche" Kenngrößen zu umgehen wurden innerhalb des klassischen Controllings nur „harte" und zählbare Daten und Kenngrößen ausgewertet. Dieses Vorgehen reicht jedoch nicht mehr aus um das Handeln der Mitarbeiter und deren Auswirkungen auf den Unternehmenserfolg bewerten zu können. Mit der Entwicklung der BSC soll eine Optimierung der Ergebnisse von klassischen, kennzahlenbasierten Systeme erfolgen.[182]

---

181 Eigene Darstellung in Anlehnung an Immerschmitt (2014) S. 245.
182 Vgl. Trost (2009) S. 174 f.

Die von Kaplan und Nolte entwickelte BSC setzt sich aus vier Perspektiven zusammen:

- Finanzperspektive

- Kundenperspektive

- Interne Prozessperspektive

- Lern- und Wachstumsperspektive

Die nachfolgende Abbildung 16 zeigt am Beispiel des Employer Brandings eine
BSC mit den zuvor genannten Perspektiven sowie jeweiligen Messgrößen.

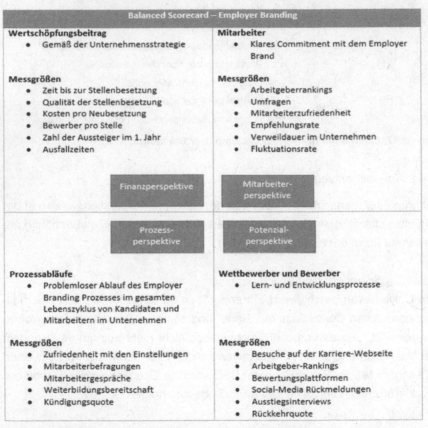

Abbildung 16: Balanced Scorecard – Employer Branding[183]

---

183   Eigene Darstellung in Anlehnung an Immerschmitt (2014) S. 249.

Durch die unterschiedlichen Perspektiven der Leistungsbeurteilung sollen Unternehmen oder bestimmte Geschäftsbereiche besser beurteilt werden können. Auch für das Controlling einer einzuführenden Arbeitgebermarke kann die BSC einige wichtige Anhaltspunkte liefern. Wie der Begriff Balanced vermuten lässt, werden bei dieser Methode nicht nur die quantitativen Daten ausgewertet, sondern auch eine qualitative Bewertung durchgeführt. Ein Weiterer Vorteil gegenüber einer klassischen Controlling Maßnahme besteht darin, dass nicht nur vergangene Werte in die Bewertung einbezogen werden, sondern auch eine zukunftsorientierte Darstellung stattfindet. Zusätzlich kann die Bewertung der auszuwertenden Daten unternehmensintern wie -extern erfolgen. Bezieht man die BSC auf die Kontrolle der Arbeitgebermarke, so kann mit diesem Konzept eine Verbindung zwischen den „harten" Unternehmenszielen und einer Marke hergestellt werden.

Eine Weiterentwicklung, speziell darauf ausgerichtet das Employer Branding fortlaufend zu kontrollieren, stellt die Brand Scorecard dar. Diese orientiert sich an den Grundelementen einer BSC jedoch mit dem Unterschied, dass lediglich die folgenden drei Perspektiven berücksichtigt werden.

- Interne Perspektive:
  Bei der Betrachtung der internen Perspektive liegt der Fokus auf der Gestaltung der Marke und den wichtigen internen Informationen
- Marktperspektive:
  Bei der Betrachtung der Marktperspektive werden neben den Kunden auch die Konkurrenten berücksichtigt, um so relevante Gesichtspunkte im Wettbewerb darstellen zu können. Weiterhin werden die Kundenwahrnehmung, die Leistung der Marke sowie der Absatz vom Mitbewerber evaluiert.
- Ergebnisperspektive:
  Durch die Betrachtung der Ergebnisperspektive kontrolliert man die gewünschten und anvisierten Ziele der Markenstrategie, woraus ersichtlich wird, ob Verbesserungen eingetreten sind oder ob diese auf sich warten lassen.[184]

---

184 Vgl. Immerschmitt (2014) S. 250.

Überträgt man den Ansatz der Brand Scorecard auf den Bereich Employer Branding, geht es bei der internen Perspektive darum, ein Verständnis und Bewusstsein über Kernkompetenzen der Arbeitgebermarke gegenüber dem Arbeitnehmer zu vermitteln. Die Marktperspektive analysiert, inwieweit es einem Unternehmen gelungen ist, sich als attraktiver Arbeitgeber bei potentiellen Bewerbern zu positionieren. Letztendlich können aus der Ergebnisperspektive alle Indikatoren, die eine erfolgreiche Etablierung der Employer Brand ausdrücken, zusammengefasst werden. Dadurch, dass die verschiedenen Perspektiven untereinander interagieren, stellt sich eine Wechselwirkung zwischen den drei Perspektiven ein, wodurch die Inside-Out und Outside-In Perspektiven gemeinsam betrachtet werden können. So wird die Außenperspektive durch die Leistungstreiber der internen Perspektive beeinflusst und nehmen so Einfluss auf die Ergebnisse des Unternehmens.[185]

5.4.3 Probleme bei der Kontrolle von Employer Branding

Da die Gestaltung einer attraktiven Arbeitgebermarke meist von „weichen" Faktoren abhängig ist, welche die Werte und die Kultur zwischen dem Unternehmen und den Menschen gestalten, ist es aus methodischer Sicht eine große Herausforderung die Veränderung der Wahrnehmung eines Unternehmens auf eine Kampagne zurück zu führen.[186] Um eine entsprechende Veränderung hervorzurufen sind in der Regel höhere Untersuchungen durchzuführen, die sich in der Praxis aber als wenig geeignet erwiesen haben.[187] Ein weiteres Problem bei der Kontrolle von Employer Branding Maßnahmen ergibt sich aus der Beeinflussung der Arbeitgeberqualität durch zuvor erwähntes internes Employer Branding. Erschwerend kommt hinzu, dass auch die internen Employer Branding Maßnahmen wiederum durch Human-Ressource-Aktivitäten gekennzeichnet sind.[188] Dadurch dass die zuvor genannten Einflussfaktoren nicht differenziert messbar und nur durch quantitative Kennzahlen zu bestimmen sind, ist eine Evaluierung mit traditionellen betriebswirtschaftlichen Methoden nicht

---

185 Vgl. Meffert (2005) S. 285 ff.
186 Vgl. Hanke, Hübner (2010) S. 40.
187 Vgl. Trost (2009) S. 70.
188 Vgl. Stotz, Wedel (2009) S. 70.

oder nur eingeschränkt möglich.[189] Aufgrund dieser Schwierigkeiten geben sich viele Arbeitgeber mit der Durchführung eines Arbeitgeber-Rankings und den dadurch gewonnenen Informationen zufrieden, was für eine aussagekräftige Bewertung der Maßnahmen jedoch nicht aussagekräftig genug ist. Abschließend sollte auch die Aussagekraft von zuvor genannten Kennzahlen kritisch betrachtet werden. Durch viele unbestimmte Variablen innerhalb der Evaluation kann es vorschnell zu Fehlinterpretationen und einer Überschätzung des Informationsgehaltes der Kennzahlen kommen. Dies wiederum führt zu unbrauchbaren Ergebnissen des gesamten Employer Branding Controllings.[190]

5.5 Bestehende Risiken innerhalb des Controllings

Ebenfalls eine als sicher geltende Methode birgt verschiedene Risiken. Ein Risiko kann durch einen hohen finanziellen Einsatz für ein externes Personalmarketing und durch eine abweichende interne Realität entstehen. Dieses Risiko kann zum einen von finanzieller Bedeutung sein, zum anderen jedoch auch kontraproduktiv der gesamten Maßnahme gegenüber wirken. Die Kontraproduktivität stellt sich ein, wenn Mitarbeiter, welche vom nach außen transportierten Bild des attraktiven Arbeitgebers begeistert sind, in der Realität der alltäglichen Arbeit jedoch enttäuscht werden. Durch eine infolge dessen enttäuschte Erwartungshaltung stellt sich meist nach kurzer Zeit eine Gleichgültigkeit gegenüber dem Unternehmen ein oder der Arbeitnehmer kündigt innerlich das bestehende Arbeitsverhältnis. Ein Verbleib innerhalb der Firma ist so nur aufgrund persönlicher Interessen oder einer schlechten Arbeitsmarktsituation gegeben. Dem zu Folge beschäftigt das Unternehmen einen demotivierten Mitarbeiter, welcher nicht nur seine Leistungen nicht erbringen wird, sondern ebenfalls nicht als Markenbotschafter fungiert. Im schlimmsten Fall ist er nicht nur der gewünschte Markenbotschafter, sondern sorgt zusätzlich für negatives Ansehen innerhalb seines Wirkungskreises.[191]

---

189 Vgl. Immerschmitt (2014) S. 247.
190 Vgl. Quenzler (2012) S. 142ff.
191 Vgl. Stotz, Wedel (2013) S. 118.

Ein weiteres Risiko ergibt sich aus dem überwiegend als Chance angesehenen Betreiben einer Dachmarkenstrategie[192]. Angesichts der Veränderungen der Geschäftsportfolios von Unternehmen besteht das Risiko, die Vorstellungen, welche mit einer solchen Dachmarke verbunden werden, nicht zu erfüllen. Speziell bei diversifizierten Unternehmen, d.h. Unternehmen die ihr Leistungsprogramm auf neue Märkte ausweiten wollen, besteht die Gefahr, das Profil der einzuführenden oder ausweitenden Arbeitgebermarke nicht oder nur schlecht unter dem bestehenden Markendach zu vermitteln.

---

[192] Bei einer Dachmarkenstrategie werden sämtliche Produkte unter einem einheitlichen Markennamen verkauft.

6 Empirische Erhebung

Aufbauend auf den theoretischen Teil dieser Arbeit und den so gewonnenen Erkenntnissen wird im nachfolgenden Abschnitt der vorliegenden Arbeit eine empirische Erhebung abgebildet. Diese soll, wie bereits in Kapitel 1.2 erwähnt, die vorhandene Theorie mit der gelebten Praxis vergleichen und so einen Aufschluss darüber erbringen, welche Maßnahmen von kleinen und mittelständischen Unternehmen ausgeführt werden oder mit geringen Mitteln verhältnismäßig einfach zu realisieren wären.

In Zusammenarbeit mit der Handwerkskammer Münster soll so eine Checkliste entstehen, durch die sich Unternehmen aus der Baubranche besser auf dem Arbeitgebermarkt positionieren können oder durch die bestenfalls ein Einstieg in einen ganzheitlichen Employer Branding Prozess gefördert wird. Die HWK ist eine Körperschaft des öffentlichen Rechts, welche die Interessen der selbstständigen Handwerker und deren Beschäftigten wahrnimmt.

„Bildung - Beratung - Service: das ist für die Handwerkskammer Münster ein Auftrag, der verpflichtet."[193]

Um dieser selbst auferlegten Pflicht nachzukommen, soll das bereits bestehende umfangreiche Informations-, Beratungs- und Weiterbildungsangebot der HWK, um die aus dieser Arbeit hervorzubringenden Checklisten erweitert werden.

Bei der durchgeführten empirischen Erhebung ist darauf zu achten, dass die Befragungen kein repräsentatives Ergebnis liefern sollen, sondern lediglich Ergebnisse hervorbringen sollten, an denen bestimmte Trends erkennbar werden sollen. Dadurch sollen weiterreichende Erkenntnisse gewonnen werden, wodurch sich im Anschluss bestimmte Handlungsempfehlungen und somit die entsprechenden Checklisten erstellen lassen. Die Entscheidung, für ein nicht repräsentatives Ergebnis, basiert unter anderem auf der Tatsache, dass aufgrund der verschiedensten Unternehmensformen und die damit verbundenen

---

193 https://www.hwk-muenster.de/de/uber-uns/die-handwerkskammer
(Abrufdatum: 12.07.2016).

Wirkungsweisen von Maßnahmen, keine Mustergleiche Lösung entwickelt werden kann, die im Anschluss an die Umsetzung zu einem einheitlichen Ergebnis führt. Demnach wäre auch ein repräsentatives Ergebnis nicht Mustergültig für alle Unternehmen, weswegen sich hier gegen ein solches entschieden wurde. In den Vordergrund sollen hingegen Trends rücken, aus denen sich Maßnahmen erarbeiten lassen, welche das Unternehmen auf die jeweils spezifischen Eigenschaften anpassen und infolge dessen konsequent verfolgen können.

    Um die empirische Erhebung innerhalb des nachfolgenden Kapitels besser nachvollziehen zu können, sollen vorab die methodischen Vorgehensweisen und eine Erläuterung für die Auswahl der Forschungsmethode vorgestellt werden.

6.1   Vorstellung empirischer Forschungsmethoden

Grundsätzlich existieren vier Methoden der empirischen Sozialforschung.[194] Demnach können in Form von Beobachtungen, Befragungen, Experimenten und/oder Inhaltsanalysen Erhebungen erfolgen. Um eine gewisse Grundlage der Forschungsmethoden voran zu stellen werden diese in der folgenden Tabelle 18 abgebildet:

Forschungsmethode:	Erläuterung:
Beobachtung	Die wissenschaftliche Beobachtung beschreibt „die Erfassung sinnlich wahrnehmbaren Verhaltens zum Zeitpunkt seines Geschehens". Ziel dabei ist es, eine soziale Realität mittels systematischer Wahrnehmungsprozesse zu erfassen und zu beschreiben sowie soziale Handlungen zu deuten.
Befragung	Mit einer Befragung sollen soziale Ereignisse, Meinungen und Bewertungen erhoben werden. Die wissenschaftliche Befragung beruht auf systematischer Zielgerichtetheit und theoriegeleiteter Kontrolle. Eine solche Befragung kann mündlich, schriftlich, telefonisch oder online erfolgen.

---

194   Vgl. Atteslander (2010) S. 73 ff.

Forschungsmethode:	Erläuterung:
Experiment	Mittels eines Experimentes werden vorher getroffene Aussagen überprüft. Dies geschieht unter festgelegten Bedingungen und Versuchsparametern. Probanden werden in einen künstlich gestalteten Prozess eingefügt, um soziale Zusammenhänge darzustellen. Das wissenschaftliche Experiment verlangt höchste Aufmerksamkeit und Kontrolle der sozialen Situation.
Inhaltsanalyse	Anhand einer Inhaltsanalyse werden Kommunikationsinhalte untersucht und ausgewertet. Inhaltsanalytische Verfahren werden beispielsweise für die Analyse von Zeitungsartikeln oder Interviews verwendet.

Tabelle 18: Überblick der empirischen Methoden der Sozialforschung[195]

Unter Berücksichtigung der vorgestellten Forschungsmethoden kommt für die empirische Erhebung und die Fragestellung nach dem IST-Zustand des Employer Brandings in Unternehmen der Baubranche lediglich die Methode der Befragung in Betracht. Die Befragung ist in diesem Falle die geeignetste Methode, da der IST-Zustand sich nicht in einer Beobachtung oder in einem Experiment erfassen lässt. Allerdings würde ebenfalls eine Inhaltsanalyse in Betracht kommen. Um jedoch einen ganzheitlichen Stand der jeweiligen Maßnahmen realitätsnah analysieren zu können würde hier ein erheblicher Mehraufwand als bei der gewählten Methode der Befragung entstehen.

6.1.1 Forschungsmethode Befragung

Eine Befragung kann auf einer der vier im Anschluss genannten Arten durchgeführt werden. Je nach Situation und Fragestellung ergeben sich unterschiedliche Vorzüge oder Nachteile der verschiedenen Maßnahmen.

- Schriftliche Befragung
- Mündliche/persönliche Befragung
- Telefonische Befragung
- Online-Befragung

---

[195] Eigene Darstellung in Anlehnung an Atteslander (2010) S. 73 ff.

Bei allen Methoden der Befragung kann entweder auf einen standardisierten oder nicht-standardisierten Fragebogen zurückgegriffen werden. Der Unterschied besteht darin, dass bei standardisierten Fragebögen eine bestimmte Anzahl an Antwortkategorien bereits vorgegeben ist. Bei geschlossenen Fragen geht der Interviewer soweit, dass dem Befragten die Antwortkategorien vorgelegt werden. Dem gegenüber stehen die offenen Fragen, wo die Antworten im Nachhinein durch den Interviewer zu den jeweiligen Kategorien zugeordnet werden. Die Kategorisierung ermöglicht eine abschließende Vergleichbarkeit der Antworten. Anders ist dies bei nicht-standardisierten Fragen, bei denen auf eine Kategorisierung der Antworten verzichtet wird und somit anschließend eine Darstellung der Häufigkeiten nicht möglich ist. Demzufolge erschwert eine nicht-standardisierte Frage die Vergleichbarkeit der Fragebögen.

Um einen weiteren Aufschluss über die ausgewählten Befragungsmethoden liefern zu können, werden die zuvor genannten Methoden im Folgenden verglichen und die vorhandenen Vor- und Nachteile aufgeführt.

Schriftliche Befragung
Eine schriftliche Befragung kann entweder postalisch oder aber innerhalb einer Gruppe von gleichzeitig anwesenden Personen als schriftliches Gruppeninterview erfolgen. Bereits hier gilt zu erwähnen, dass bei einer postalisch durchgeführten Umfrage zumeist mit einer hohen Ausfallquote zu rechnen ist. Anhand von Fallstudien zu diesem Thema konnte festgestellt werden, dass dem Befragten lediglich minimale Aufwendungen abverlangt werden dürfen, um eine hohe Rücklaufquote zu generieren. Hier kann beispielhaft die Rücksendung der Fragebögen erwähnt werden. Fragebögen, welche mit einem vorgefertigten sowie frankierten Rückumschlag bei den zu Befragenden ankommen, erreichen meist einen wesentlich höheren Rücklauf. Des Weiteren sollte dem Fragebogen ein kurzes und prägnantes Begleitschreiben angefügt werden, indem das Ziel und das Thema der Befragung erläutert wird. Generell können exakte Aussagen über eine prozentuale Rücklaufquote allerdings nicht angegeben werden. Selbst in einschlägiger Fachliteratur beziffert Mayer den Rücklauf auf 15 bis

60 %[196], während Diekmann diesen auf lediglich 5 bis 20 %[197] schätzt. Dies verdeutlich, dass es schwer oder fast nicht möglich ist, eine zutreffende Aussage über den Wert des Rücklaufs von Fragebögen zu treffen. Oftmals wird dem Befragten jedoch mit dem Ausfüllen des Fragebogens beispielsweise die Teilnahme an einem Gewinnspiel gewährt, wodurch der Befragte zusätzlich motiviert werden soll.

Der Vorteil einer schriftlichen Befragung liegt darin, dass diese aufgrund der wegfallenden, meist Zeitintensiven, Interviews, kostengünstiger ist als eine mündliche und persönliche Befragung. Weiterhin kann mit gleichem Aufwand eine weitaus größere Anzahl befragt werden. Bei einer postalischen Umfrage wird zudem von dem Vorteil gesprochen, dass die Befragung zu einem ehrlicheren und besser überlegteren Ergebnis führt, da an dieser Stelle kein Interviewer anwesend ist. Im Umkehrschluss sollten jedoch Bedenken gegenüber der Kontrollierbarkeit hinsichtlich der Beeinflussbarkeit von Dritten geäußert werden. Nachteilig wirkt sich der Zeitaufwand bei der Erstellung der postalischen Befragung aus. Bei der Gestaltung und Formulierung der Fragen ist daher besondere Sorgfalt gefragt, da die Befragten nicht die Möglichkeit haben Rückfragen zu stellen.

Mündliche / persönliche Befragung
Im Rahmen der mündlichen oder persönlichen Befragung stellt der Interviewer den Teilnehmenden persönlich die vorher ausgearbeiteten Fragen. Diese können vorher vollständig ausgearbeitet sein oder aber mittels eines Leitfadens. Dies kann je nach situativen Geschehen variieren. Ein Vorteil, der sich aus der persönlichen Befragung ergibt ist, dass gewisse Kontrollfunktionen genutzt werden können. Nachteilig ist jedoch die bestehende Gefahr der Verzerrung, da der Gesprächsverlauf bewusst durch den Interviewer beeinflusst werden kann.[198] Außerdem gilt es zu bedenken, dass persönliche Umfragen einen hohen personellen Aufwand erfordern und somit auch finanziell sehr aufwändig sind. Um eine hohe Vergleichbarkeit der Ergebnisse zu erzielen, wird an dieser Stelle darauf hingewiesen, dass die Bedingungen für ein Interview möglichst ähnlich

---

196 Vgl. Mayer (2008) S. 79.
197 Vgl. Diekmann (2007) S. 36.
198 Vgl. Mayer (2008) S. 80.

gehalten werden sollten. Bezüglich der Rücklaufquote bleibt positiv zu vermerken, dass die persönliche Befragung die höchste aller Rücklaufquoten erreicht. Durch Erfahrungswerte, welche der Literatur entnommen sind, wird ein prozentueller Rücklauf von 60 – 70 % prognostiziert.

Telefonische Befragung

Gegensätzlich zur schriftlichen Befragung können in einem telefonisch geführten Interview Rückfragen von den Interviewten gestellt werden. Ein Nachteil ergibt sich allerdings aus den begrenzen Möglichkeiten der Visualisierung, da keine Hilfsmittel wie Bilder, Tabellen oder Diagramme, welche eine gewisse Thematik verdeutlichen würden, eingesetzt werden können. Zudem ist der Anteil der Befragten, die die Umfrage verweigern oder während einer Befragung auflegen, wiederum höher. Der Vorteil an einer telefonischen Umfrage ist, dass das Erscheinungsbild und das persönliche Auftreten des Interviewers keine Rolle spielen. Außerdem ist der Interviewte keinen Umständen, wie beispielsweise An- oder Abfahrt oder das Bereitstellen eines Besprechungsortes, ausgesetzt. Demnach spielt auch die Verzerrung eines Ergebnisses durch äußere Einflüsse weniger eine Rolle und kann somit minimiert werden.[199] Um den Aufwand der Erhebung sowie die Auswertung der Umfrageergebnisse so gering wie möglich zu halten, werden heutzutage die meisten telefonischen Umfragen computertechnisch unterstützt.

Online-Befragung

Vergleichbar mit den Resultaten einer schriftlichen Umfrage sind die Ergebnisse einer Online-Befragung hinsichtlich der Kontrolle der Befragungssituation und der Rücklaufquote. Die Schwierigkeiten, welche aus einer schriftlichen Befragung auftreten sind auch hier zutreffend oder sogar noch konkreter, da durch die Anonymität des Internets kein oder ein nur sehr geringes Pflichtgefühl bei den Befragten eintritt. Vorteile der Online-Befragung ergeben sich hingegen aus den geringen finanziellen und personellen Aufwendungen die zu tätigen sind. Durch die elektronische Erstellung kann die Umfrage zeitgleich und unentgeltlich an alle mit dem Internet verbundenen Teilnehmer versendet werden. Auch

---

[199] Vgl. Mayer (2008) S. 80.

die Analyse der beantworteten Umfragen kann durch programmgestützte Auswertungen um ein Vielfaches vereinfacht werden.

6.1.2 Auswahl der Methode: Standardisierte Online-Befragung

Die Auswahl der Methode basiert auf den zuvor genannten Vorteilen der Online-Befragung. Da ein sehr weitreichendes Spektrum und eine hohe Anzahl an Unternehmen befragt werden soll, wird schnell deutlich, dass eine persönliche oder telefonische Befragung aller Unternehmen zeitlich nicht realisierbar ist. Von einer schriftlichen Befragung wurde ebenfalls Abstand genommen. Diese Entscheidung beruht darauf, dass die Auswertung von handschriftlichen Fragebögen ein deutlich höheres Zeitpensum in Anspruch nimmt als die Auswertung von Online-Fragebögen. Weiterhin wurde aus finanziellen Beweggründen die Methode der schriftlichen Befragung abgelehnt sowie infolge dessen die Methode der Online-Befragung für sämtliche betreffenden Unternehmen ausgewählt. In Verbindung mit der HWK, verschiedenen Kreishandwerkerschaften und Handwerks-Innungen des Landes Nordrhein-Westfalen wurden eine Vielzahl von Unternehmen der Baubranche angeschrieben und darum gebeten an der Umfrage teilzunehmen.

Die wohl entscheidendste Problematik bei einer Online-Befragung ist der geringe Rücklauf an Umfragebögen. Um dem entgegen zu wirken, wurden größtenteils geschlossene Fragen gestellt. Diese haben, wie bereits erwähnt den Vorteil, dass der Teilnehmer bereits Antworten vorgegeben hat und lediglich Kreuze an den entsprechenden Stellen setzen muss. Eine weitere Möglichkeit der geschlossenen Fragestellung ist die, dass eine Leitfrage vorangestellt wird, welche in verschiedene Aspekte untergliedert ist, die im Anschluss durch das teilnehmende Unternehmen auf einer Skala bewertet werden. Diese Art der Antwortmöglichkeiten werden als polytome Skalen bezeichnet bei denen gegensätzlich zu Dichotomen, mehr als zwei Ausprägungen zur Auswahl vorgegeben werden. Durch die eigene Einstufung zu dem entsprechenden Sachverhalt entsteht ein erweitertes Spektrum der Antwortmöglichkeiten, die jedoch mit einem ähnlich geringen Aufwand zur Beantwortung und Auswertung verbunden ist.

6.1.3 Auswahl der Methode: Mündliche/persönliche Befragung

Aufgrund der bekannten Gefahr des geringen Rücklaufs der Online-Fragebögen wurde bereits im Vorfeld mit einer alternativen Methode geplant. Somit wurde zusätzlich zur Online-Befragung eine persönliche Befragung durchgeführt, wodurch weitere Werte erhoben werden konnten. Bei der persönlichen Befragung sollten Unternehmen im direkten Kontakt befragt werden. Da einige der durchgeführten Umfragen noch vor dem Versenden der Online-Umfrage stattfanden, stellte sich der positive Nebeneffekt ein, dass aus den Gegenfragen der Teilnehmer, welche sich im Gespräch ergaben, wichtige Erkenntnisse gewonnen werden konnten. Die so gewonnenen Erkenntnisse wurden im Anschluss in die Online-Umfrage eingearbeitet. Aufgrund des zeitlich sehr intensiven Aufwandes einer persönlichen Befragung der Teilnehmer, wurden lediglich Unternehmen befragt, die bereits im Vorfeld Interesse an der Thematik Employer Branding gezeigt hatten. Diese Informationen konnten aus vorherigen Veranstaltungen der HWK, an denen die befragten Unternehmen teilgenommen hatten, oder aus persönlichen Erfahrungen des Interviewers gewonnen werden.

6.2   Erstellung des Fragenkatalogs

Im Kapitel „Erstellung des Fragenkatalogs" geht es vorrangig um die Ideen und Hintergründe, die zur Entwicklung der Leitfragen beigetragen haben. Dabei soll dem Leser verdeutlicht werden, welche Beweggründe zu welchen Fragen geführt haben und welche Werte aufgrund dessen gewonnen werden sollen. Hierzu werden einzelne Fragen aus dem Fragebogen explizit erläutert, um im weiteren Verlauf der Arbeit besser nachvollziehen zu können, worauf eine bestimmte Fragestellung eingehen möchte und welche Hintergründe so erfragt werden sollen. Des Weiteren wird im Folgenden ebenso die Aufteilung, das Design und die Ziele des Fragebogens der Online-Befragung sowie des Leitfadens der persönlichen Befragung genauer dargestellt und erläutert.

6.2.1 Ablauf der Befragung

Da die gesamte Erhebung im Endeffekt aus zwei Bausteinen besteht, die im späteren zu einem Ergebnis zusammengeführt werden, wird hier der Ablauf der Befragung abgebildet und die daraus entstehenden Vorteile aufgeführt.

Die Tatsache, dass innerhalb einer persönlichen Befragung, Gegenfragen und Einwände des Befragten geäußert und offen diskutiert werden können wodurch ein konstruktives Gespräch, bei dem Befragter sowie Interviewer beiderseits profitieren, war der Anlass die persönliche Befragung der Online-Umfrage voran zu stellen. Aus den hieraus gewonnenen Erkenntnissen der persönlichen Befragung konnte der Fragebogen der Online-Umfrage weiter ausgebaut und konkretisiert werden. Da bei beiden Methoden der Fragebogen, zum einen als Leitfaden und zum anderen als ausgearbeiteter Online-Fragebogen der Befragung dient, gilt dieser als Hauptinstrument zur Erreichung der notwendigen Daten um die erhofften Forschungsziele zu erheben. Im Anschluss an die persönlichen Befragungen und der Überarbeitung des Online-Fragebogens wurden zahlreiche Firmen, unterteilt in die nachfolgend genannten Gewerke der Baubranche, via E-Mail angeschrieben. Eine Unterteilung nach Gewerken fand wie folgt statt:

- Bauhauptgewerbe
  - o Mauerarbeiten
  - o Beton- und Stahlbetonarbeiten
  - o Zimmerer- und Dachdeckerarbeiten
  - o Rückbauarbeiten
- Baunebengewerbe
  - o Tischlerarbeiten
  - o Trockenbauarbeiten
  - o Elektroinstallationsarbeiten
  - o Estrich- und Bodenbelagsarbeiten
  - o Putz- Stuckateur- und Gipsarbeiten

Im Begleitschreiben der E-Mail, welches in Anhang IV dieser Arbeit angehangen ist, wird der potentielle Teilnehmer darüber aufgeklärt wozu die Umfrage dient und in Form eines Hyperlinks auf die Umfrage verwiesen.

6.2.2 Ziel der Befragung

Zusammenfassend befasst sich die Befragung der Unternehmen damit, einen IST-Zustand festzustellen, der den bisherigen Kenntnisstand und die bereits durchgeführten Handlungen im Bereich des Employer Brandings widerspiegeln. Des Weiteren soll eine Vergleichbarkeit hergestellt werden, um somit Rückschlüsse auf den Erfolg von möglicherweise bereits durchgeführten Maßnahmen zu erhalten. Im Gegenzug zu den Ergebnissen aus den Unternehmen mit bereits eindeutig definierter Employer Brand und zahlreichen durchgeführten Maßnahmen sind auch gegenteilige Ergebnisse von großer Bedeutung. Diese sollen Defizite in zuvor ausführlich erläuterten Bereichen aufzeigen, die oftmals in Unternehmen mit geringen oder keinen Vorkenntnissen und Erfahrungen im Bereich des Employer Brandings auftreten. Aus diesen Ergebnissen soll sich innerhalb der späteren Analyse ein klares Bild entwickeln, welche Maßnahmen in vielen Fällen und unter der Voraussetzung einer konsequenten Durchführung, zu einem Erfolg im Bereich der Mitarbeitergewinnung und der Mitarbeiterbindung sowie bei der Zufriedenheit der Mitarbeiter ableiten lassen.

6.2.3 Inhalt und Aufbau des Fragebogens

Wie bereits im Vorfeld berichtet werden nachfolgend die Inhalte sowie der Aufbau des Fragebogens dargestellt. Um dies auch für den Leser möglichst anschaulich zu gestalten, werden Screenshots aus dem erstellten Online-Fragebogen das Beschriebene verdeutlichen.

Inhaltlich beruft sich der erstellte Fragebogen größtenteils auf die in den vorherigen Kapiteln dieser Arbeit erarbeiteten Operationalisierung der Begriffe Arbeitgeberattraktivität und Employer Branding. In der Literatur angeführte Regeln zur Fragenformulierung wurden, soweit dies möglich war, beachtet. Demnach wurden folgende Punkte bei der Fragestellung beachtet:

- Fragestellung unter der Verwendung von einfachen Wörtern
- Fragestellung darf keine Beantwortung provozieren und nicht beeinflussend formuliert sein
- Fragestellung darf sich nur auf einen Sachverhalt beziehen und nicht unterschiedliche Themen zeitgleich abfragen
- Fragen sollten neutral formuliert sein und keine doppelten Negationen enthalten[200]

Auch wenn offene Fragen prinzipiell nicht besonders geeignet sind wurden diese dennoch vereinzelnd gewählt um die Beantwortung nicht durch Vorgaben oder Kriterien zu beeinflussen, sodass ein differenziertes Bild über die Meinung oder den Kenntnisstand der Befragten deutlich wird.

6.3 Persönliche Befragung von klein- und mittelständischen Unternehmen der Baubranche (Experteninterview)

Wie bereits im Kapitel 6.2.1 erläutert, startete die Umfrage mit den persönlichen Befragungen verschiedener Unternehmen bevor die Online-Umfrage gestartet wurde. Die Auswahl der Unternehmen sollte bezwecken, dass durch die offene Gestaltung der Befragung möglichst weitreichende Erkenntnisse gewonnen werden, welche noch nicht im Online-Fragebogen aufgeführt waren. Durch das Vorgehen, dass der Interviewer anhand eines eng an den Online-Fragebogen gekoppelten Leitfadens die Befragung durchgeführt hat, konnte eine spätere Vergleichbarkeit gewährleistet werden.

Aufgrund der Tatsache, dass die persönliche Befragung von Teilnehmern sehr zeitaufwändig ist, wurde die Anzahl der Befragungen gering gehalten. Nichts desto trotz wurde bei der Auswahl der persönlich befragten Unternehmen auf die Verteilung auf verschiedene Gewerke des Bauwesens und des Handwerks geachtet. Angesichts dieser Tatsache wurde beispielsweise eine klassische Bauunternehmung, ein Handwerksbetrieb aus dem Nebenbaugewerbe

---

[200] Vgl. Atteslander (2008) S. 74 f.

sowie ein Handwerksbetrieb aus dem Hauptbaugewerbe befragt. Jedes der Unternehmen verfügte bereits über weitreichende Kenntnisse im Bereich Employer Branding, wodurch der gewünscht offene Dialog gewährleistet wurde.

Da die Erstellung des Leitfadens für die persönliche Befragung der Erstellung des Online-Fragebogens ähnelt, wird an dieser Stelle auf das nachfolgende Kapitel 6.4 verwiesen.

6.4   Onlinefragebogen

Da die Erstellung des Fragebogens sowie des Leitfadens im Rahmen der Arbeit sehr intensiv verfolgt wurde, soll der entstandene Online-Fragebogen in den folgenden Schritten dargestellt und die unterschiedlichen Intentionen der einzelnen Fragen erläutert werden. Die einzelnen Fragen wurden kategorisiert, und dementsprechend den folgenden Kategorien untergeordnet:

- Allgemeine Daten/Zuordnung
- Unternehmenswesen und Leitbild
- Grobe Bedarfsplanung/-schätzung
- Arbeitgeberattraktivität/Image/Bekanntheit
- Employer Branding & Personalpolitik
- Zustandsanalyse
- Employer Branding Entwicklung
- Zielgruppenanalyse

Zur Veranschaulichung werden die Grafiken des Fragebogens beispielhaft im Hauptteil der vorliegenden Arbeit abgebildet, wie z.B. die Startseite in Abbildung 17. Im weiteren Verlauf wird jedoch von einer durchgängigen Bebilderung abgesehen. Der Vollständigkeit halber werden die nicht im Hauptteil abgebildeten Grafiken angehangen (Anhang I) sowie an der jeweiligen Stelle der dazugehörigen Erläuterung auf den Anhang verwiesen.

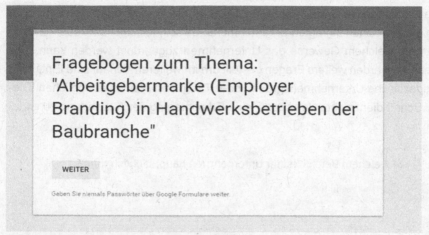

Abbildung 17: Startseite des Online-Fragebogens

Allgemeine Daten / Zuordnung

Zu Anfang des Fragebogens werden allgemeine Daten der befragten Unternehmen abgefragt um im späteren eine Zuordnung durchführen zu können. Diese wurde bewusst gewählt, da sonst im Anschluss keine aussagekräftigen Ergebnisse über die Funktionalität von bereits durchgeführten Employer Branding Maßnahmen getroffen werden kann. Auch mit dem Wissen, dass möglicherweise aufgrund fehlender Anonymität ein geringerer Rücklauf der Fragebögen auftreten kann, konnte auf diese Fragestellung und das Zuordnungskriterium nicht verzichtet werden. Abbildung 18 zeigt die Erfassung oben genannter Daten.

Allgemeine Daten des Unternehmens

Name des Unternehmens:

Meine Antwort

Rechtscharakter des Unternehmens?

Meine Antwort

Abbildung 18: Erfassung von Daten zur späteren Zuordnung der Ergebnisse

Die Nachfolgende Grafik (Abbildung 19) zeigt die Abfrage der allgemeinen Daten des jeweiligen befragten Unternehmens. Es soll Aufschluss darüber gewährt werden, welchem Gewerbe das Unternehmen zugeordnet werden kann. Des Weiteren werden weitere Fragen gestellt um im weiteren Verlauf eine Einteilung in spezifische Unternehmensgrößen oder Tätigkeitsfelder zu ermöglichen. Dieser Schritt dient nicht zuletzt dazu, eine Erleichterung der Auswertung zu erzielen.

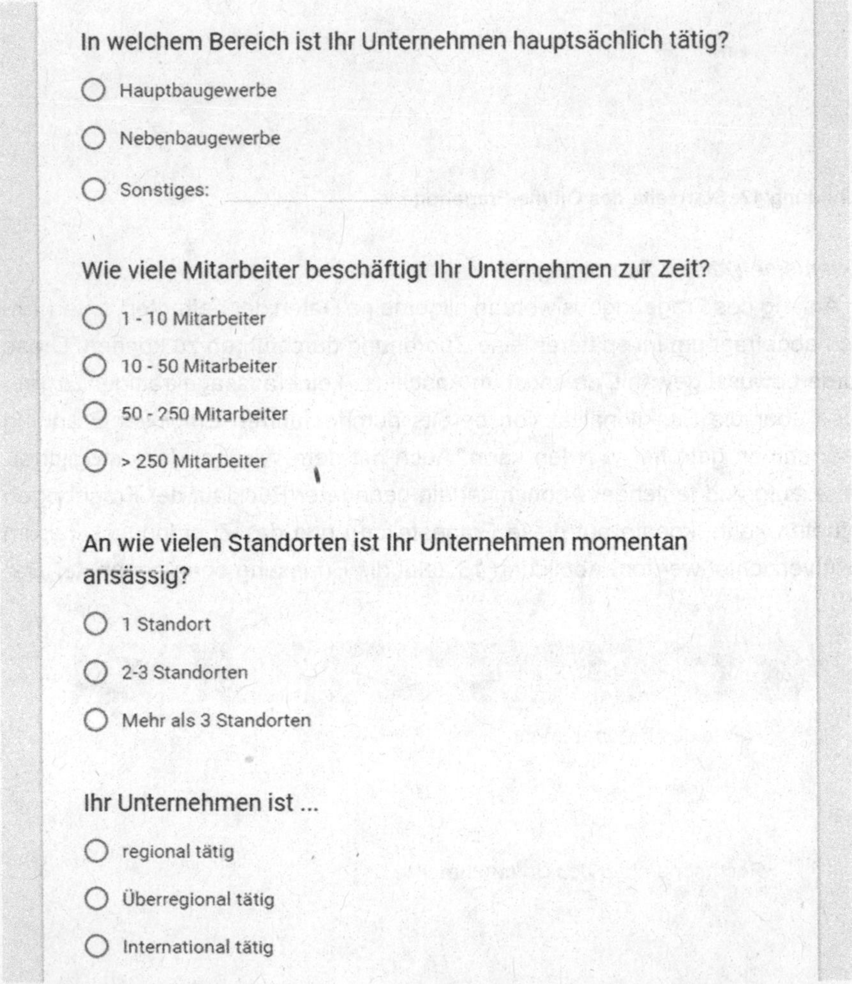

In welchem Bereich ist Ihr Unternehmen hauptsächlich tätig?

○ Hauptbaugewerbe

○ Nebenbaugewerbe

○ Sonstiges: _____

Wie viele Mitarbeiter beschäftigt Ihr Unternehmen zur Zeit?

○ 1 - 10 Mitarbeiter

○ 10 - 50 Mitarbeiter

○ 50 - 250 Mitarbeiter

○ > 250 Mitarbeiter

An wie vielen Standorten ist Ihr Unternehmen momentan ansässig?

○ 1 Standort

○ 2-3 Standorten

○ Mehr als 3 Standorten

Ihr Unternehmen ist ...

○ regional tätig

○ Überregional tätig

○ International tätig

Abbildung 19: Einteilungskriterien zur vereinfachten Auswertung des Fragebogens

Die Antwortmöglichkeiten, die der Frage nach Anzahl der beschäftigten Mitarbeiter zugeordnet sind, sind dabei strikt an die Zuordnung der Größenklassen nach Beschäftigungskennzahlen gekoppelt. Diese besagen, dass ein Unternehmen innerhalb der europäischen Union mit weniger als 10 Mitarbeitern als Kleinstunternehmen gilt. Mit einer Beschäftigung von 10 bis 50 Mitarbeitern gilt ein Unternehmen als kleines Unternehmen und mit einer Beschäftigung bis zu 250 Mitarbeitern als mittleres Unternehmen[201]. Ab einer Unternehmensgröße von mehr als 250 Mitarbeitern wird dieses als Groß-Unternehmen bezeichnet, was für eine Erhebung von KMU jedoch nicht weiter von Bedeutung ist. Dennoch wurde diese Größenordnung in den Fragebogen aufgenommen, um die betreffenden Unternehmen erkennen und aus der Bewertung ausschließen zu können.

Anhand der sich anschließenden Fragestellung nach der Anzahl der betrieblichen Standorte, soll später erkennbar dargestellt werden, inwieweit die Anzahl der betrieblichen Standorte die Bereitschaft zur Mobilität beeinflusst. Zur weiteren Erkenntnisgewinnung werden im weiteren Verlauf des Fragebogens Ergänzungsfragen aufgeführt.

„Unternehmenswesen" und Leitbild
Die Befragung nach dem Wesen des Unternehmens beruht darauf, den Unterschied zwischen Familienunternehmen und fremdgeführten Unternehmen darzustellen. Da das Leitbild oftmals eng an das Wesen eines Unternehmens gekoppelt ist, wird die Frage im direkten Anschluss gestellt. Weiterhin soll damit erfragt werden, ob überhaupt ein Leitbild definiert ist, und wenn ja, an welchen Werten sich dieses orientiert. Weiter ist das Leitbild eine schriftliche Erklärung des jeweiligen Unternehmens über Selbstverständlichkeiten und bestimmte Grundprinzipien. Durch das Leitbild wird ein realistisches Idealbild, eine Kulturdefinition oder Verhaltensleitlinien, erzeugt.[202] Ähnlich wie die Positionierung der Unternehmensmarke gilt das Leitbild als eine strategische Leitplanke für das Employer Branding.[203] Die Beantwortung der Frage gibt dem Interviewer dementsprechend eine direkte Auskunft darüber, dass das Thema Employer

---

201 Vgl. Amtsblatt der Europäischen Union, L124/36 (Abgerufen am: 21.07.2016).
202 Vgl. Kriegler (2015) S. 88.
203 Vgl. Kriegler (2015) S. 88.

Branding bereits thematisiert wurde oder aber Prozesse in diese Richtung unterbewusst stattfinden. (Siehe hierzu im Anhang Abbildung A-1)

Grobe Bedarfsplanung / -schätzung
Durch das Erfragen des Personalbedarfs soll dem Interviewer ein Überblick verschafft werden, ob sich die Notwendigkeit eines Employer Brandings innerhalb der nahen Zukunft ergibt. Abgefragt wird, wie im Anhang Abbildung A-2 ersichtlich, der Personalbedarf innerhalb der nächsten zwei Jahre. Die Auflistung erfolgt anhand der nachfolgenden Positionen.

- Führungskräfte
- Hochschulabsolventen
- Fachkräfte
- Hilfskräfte
- Auszubildende

Arbeitgeberattraktivität / Image / Bekanntheit
Um sich als Arbeitgeber attraktiv zu gestalten, ein positives Image zu bekommen oder die Bekanntheit des Unternehmens zu steigern, ist es oftmals von entscheidender Bedeutung das eigene Unternehmen einer Selbstreflektion zu unterziehen. Mit der Leitfrage, was das Unternehmen den potentiellen Bewerbern als attraktiver Arbeitgeber bieten kann, oder welche Besonderheiten ihn als solchen auszeichnen, wird eine gewisse Selbstreflektion abgefragt. Dies erfolgt in Form einer geschlossenen Fragestellung mit mehreren untergliederten Stichpunkten, die durch das Ankreuzen der zugehörigen polytomen Skala beantwortet werden. Die Wahl der Antwortmöglichkeiten mit polytomen Skalen resultiert daraus, dass ein einfaches Ankreuzen von „Ja" und „Nein" mit hoher Wahrscheinlichkeit zu einer Verfälschung des Ergebnisses geführt hätte, da ein „Schwarz-Weiß-Denken"[204] hervorgerufen worden wäre.

---

204 Schwarz-Weiß-Denken beschreibt eine vereinfachte Beurteilung von komplizierten Sachverhalten.

Die angehängte Abbildung 3 zeigt die ausformulierte Leitfrage sowie die ersten drei Unterpunkte mit den dazugehörigen polytomen Skalen. Attribute, die unter der zuvor genannten Leitfrage abgefragt wurden, sind:

- Gutes Arbeitsklima

- Herausfordernde Aufgaben

- Gute Aufstiegs- und Entwicklungsmöglichkeiten/Weiterbildungsmöglichkeiten

- Zukunftsaussichten Ihres Unternehmens

- Work-Life-Balance

- Hohe Arbeitsplatzsicherheit

- Gutes Gehalt/hohe Sozialleistungen/sonstige Zusatzleistungen

- Kinderbetreuung im Unternehmen

Unter selbiger Überschrift beschäftigt sich die nachfolgende Leitfrage mit der Einschätzung des Befragten zur Relevanz von Maßnahmen für einen attraktiven Arbeitgeberauftritt. Dazu wurden wiederum verschiedene Attribute genannt, welche mit dem Ankreuzen von polytomen Skalen beantwortet werden sollten. Eine niedrig angekreuzte Ziffer bedeutet, dass der Befragte das jeweilige Attribut als überhaupt nicht wichtig erachtet, ein Attribut mit hoch angekreuzte Ziffer hingegen wird als äußerst wichtig empfunden. Eine Darstellung zu genanntem Sachverhalt erfolgt in Abbildung A-4.

Punkte, welche sich dieser Leitfrage unterordnen sind:

- Stellenanzeige

- Eigene Karriere-Website

- Positives Bild des Unternehmens in der Öffentlichkeit und den Medien

- Mitarbeiter als Imageträger

- Presse- und Öffentlichkeitsarbeit

- Teilnahme an Wettbewerben

- Messeständen bei Job- und Karriereveranstaltungen

Ziel dieser Leitfrage ist es, dass die jeweils unterschiedliche Bewertung der Attribute von Unternehmen mit einer bereits bestehenden Employer Brand im Vergleich zu der Bewertung durch Unternehmen, welche sich mit der Thematik bisher weniger befasst haben, ein Rückschluss auf die tatsächliche Wirksamkeit der Maßnahmen schließen lässt.

Vertieft werden soll das Ergebnis mit der Beantwortung der Frage nach möglichen Wettbewerbsnachteilen gegenüber Mitbewerbern. Innerhalb dieser Leitfrage wurden die Antwortmöglichkeiten der Einfachheit halber auf „Trifft zu" und „Trifft nicht zu" reduziert, wie Abbildung A-5 zeigt.

Hier sollten die folgenden Attribute von den Teilnehmern als zutreffend oder nichtzutreffend beantworten.

- Unzureichender Bekanntheitsgrad
- Attraktivität der eigenen Produkte/Dienstleistungen
- Branche
- Unternehmensgröße
- Standort/Standorte
- Angebotene Tätigkeitsbilder
- Lohn- und Gehaltsstruktur
- Hohe Anforderungen an Bewerber

Ergänzend sollte herausgefunden werden, inwieweit die folgenden Punkte den Bewerber bei der Suche nach einer Anstellung beeinflussen. Dies erfolgt unter dem Oberbegriffen Arbeitgeberattraktivität, Image und Bekanntheit. Dabei steht der Blickwinkel des Arbeitgebers im Vordergrund. Aus den Antworten soll ersichtlich werden, wie der Arbeitgeber die Bedürfnisse des potentiellen Bewerbers einschätzt. Stellt sich bei der Ergebnisanalyse heraus, dass eine Organisation mit hoher Zuflussrate, geringer Fluktuation sowie zufriedenen Mitarbeitern die jeweiligen Stellenwerte der genannten Attribute anders eingeschätzt hat als Unternehmen mit geringerer Zuflussrate und höherer Fluktuation, würde sich daraus ein Handlungsbedarf für die anders einschätzenden Unternehmen herausstellen (Siehe hierzu Abbildung A-6).

Die folgenden Punkte können vom Arbeitgeber selbst beeinflusst werden und lassen ein direktes und aktives Handeln zu:

- Allgemeiner Bekanntheitsgrad des Unternehmens
- Image des Unternehmens
- Image der Produkte und Dienstleistungen

Andere Punkte hingegen können nur indirekt oder mit großem Aufwand verändert werden. Eine solche Veränderung kann also nicht vom Unternehmen selbst getätigt werden, steigert allerdings das Bewusstsein und die Aufmerksamkeit der Thematik gegenüber.

- Image der Branche
- Unternehmensgröße
- Standort

Im Einzelnen erläutert würde das bedeuten, dass das Image der gesamten Branche nicht durch das Einführen der eigenen Arbeitgebermarke verbessert werden kann. Zudem kann die Unternehmensgröße zwar vom Unternehmen beeinflusst werden, wäre aber mit dem alleinigen Hintergrund der Verbesserung gegenüber dem Ansehen des potentiellen Bewerbers nicht wirtschaftlich. Auch der Standort findet keine direkte Beeinflussung. Hier spielt der wirtschaftliche Faktor eine wesentliche Rolle. Nur um das Ansehen bei potentiellen Bewerbern zu steigern, ist es nicht wirtschaftlich ein gesamtes Unternehmen an einen anderen Standort zu verlegen. Auch wenn die genannten Punkte nicht aktiv beeinflusst werden können, ist eine so gewonnene Erkenntnis von immenser Bedeutung. Durch die Sensibilisierung hinsichtlich der jeweiligen Thematik können im Rahmen des Employer Branding Prozesses geeignete Kampagnen oder Maßnahmen eingeleitet und gesteuert werden. Beispielsweise können Defizite aufgrund von negativen Einstellungen gegenüber der Unternehmensgröße von speziell ausgerichteten Kampagnen verbessert werden, welche die Vorzüge von kleinen, familiengeführten Unternehmen in den Vordergrund stellen. Durch eine solche Kampagne kann die Sichtweise und die damit verbundene Handlung des Bewerbers beeinflusst werden.

Wie bereits bei der vorherigen Fragestellung geht es ebenfalls in der darauffolgenden Frage darum, eine Einschätzung des Arbeitgebers zu verschiedenen Sachverhalten zu erlangen. Ebenso wurden die Antwortmöglichkeiten in diesem Teil auf „Trifft zu" oder „Trifft nicht zu" beschränkt. Nach Analyse der Ergebnisse sollen auch hier lediglich Thematiken für eine mögliche Sensibilisierung ausgearbeitet werden. Attribute, die unter der in Abbildung A-7 dargestellten Leitfrage abgefragt wurden, waren wie folgt:

- Modern und Innovativ
- Anspruchsvolle Technik
- Gewinnorientiert und erfolgreich
- Positives Image der Branche
- Ökologisch
- Vertrauenswürdig
- Arbeitsplatzsicherheit
- Zukunftsfähig

Employer Branding & Personalpolitik
Bei den verschiedenen Fragestellungen unter dem Oberbegriff Employer Branding und Personalpolitik sollen die Teilnehmer einen Aufschluss darüber geben, inwiefern diese sich bereits mit dem Thema Employer Branding befasst haben und was darunter verstanden wird. Des Weiteren wird die Verankerung von Employer Branding Maßnahmen innerhalb der Firmenphilosophie erfragt. Dies soll nicht zuletzt einen Einblick darüber gewähren, welche Maßnahmen und Prozesse ein Unternehmen bereits durchführt, ohne dass realisiert wurde, dass diese bereits fixe Bestandteile des Employer Brandings sind (Siehe hierzu Abbildung A-8).

Die eigenen Erwartungen einer Organisation an ein erfolgreich durchgeführtes Employer Branding sind von großer Bedeutung und werden wie in Abbildung A-9 anhand des Fragebogens erfragt. Hier werden einige Beispiele als Antwortmöglichkeit bereitgestellt. Die Antwortmöglichkeiten erlauben eine Mehrfachnennung der Begriffe. Ergänzend dazu wird die Antwortmöglichkeit „Sonstiges" hinzugefügt, sodass jedes Unternehmen die Antwortmöglichkeiten durch individuelle Erwartungen ergänzen kann.

Weiterhin wird erfragt, ob die befragten Organisationen einen direkten Zusammenhang zwischen den strategischen Zielen des Unternehmens und denen des
Employer Branding Konzeptes sehen. Vergleicht man die Unterschiede des
Employer Branding Erfolges der einzelnen Unternehmen und die Beantwortung
der Fragestellungen, wird deutlich, inwieweit das strategische Management und
Employer Branding tatsächlich in einem Zusammenhang gebracht werden können. Diese Erkenntnis dient der Sensibilisierung und dem bewussteren Umgang
mit der Thematik.

Für die spätere Erstellung einer geeigneten Checkliste spielt auch die in
Abbildung A-10 dargestellte Frage, welche von den Teilnehmenden frei zu beantworten ist, eine wichtige Rolle. Hier wird nach Herausforderungen gefragt,
die bei der Umsetzung eines Employer Branding Konzeptes auftreten können.
Dabei ist darauf zu achten, ob die jeweiligen Antworten von Firmen gegeben
werden, die bereits ein Konzept entwickelt haben oder von denjenigen die sich
erstmalig mit der Thematik befassen. So wird verhindert, dass Ängste von Unternehmen ohne weitreichende Kenntnisse und tatsächliche Herausforderungen, genannt von Unternehmen mit Employer Branding Strategie, als ein Ober-
punkt betrachtet werden. Die spätere Analyse soll dazu beitragen, dass verschiedene Herausforderungen als solche einkalkuliert werden können, andere
hingegen aufgrund von Erfahrungswerten anderer Unternehmen vernachlässigt
werden können.

Recht offensichtlich erscheint die Auswertung der sich anschließenden
Fragestellung. Durch das Ankreuzen verschiedener Werte soll die Wirkung auf
die aufgelisteten Kontaktpunkte verglichen werden (Siehe hierzu Abbildung
A-11). Werte, bei denen mit einer hohen Relevanz als Kontaktpunkt zwischen
potentiellen Bewerbern und Unternehmen zu rechnen ist, sollten als Handlungsempfehlung in die zu erstellende Checkliste aufgenommen werden.
Da nicht nur das Gewinnen von neuen Mitarbeitern im Fokus von Employer
Branding Maßnahmen steht, sondern ebenso das Binden von bestehenden Mitarbeitern, wurden hinter gleichem Hintergrund auch die Kontaktpunkte zwischen bestehenden Mitarbeitern und der Außendarstellung des Unternehmens
abgefragt. Diese Daten geben einen zusätzlichen Aufschluss darüber, ob und
in welcher Größenordnung Mitarbeiter die Arbeitgebermarke nach Außen transportieren (Siehe hierzu Abbildung A-12).

Weiteren Aufschluss über die Relevanz von Mitarbeitern als Markenbotschafter soll die Auswertung der in Abbildung A-13 genannten Frage bringen. Hier sollen die Teilnehmenden dem Mitarbeiter eine Bedeutung bei der Außendarstellung des Unternehmens zuordnen.

Zustandsanalyse
Wie bereits im theoretischen Teil der vorliegenden Arbeit deutlich geworden ist, ist die Zustandsanalyse eines der wichtigsten Instrumente um auf ein Unternehmen zutreffende Maßnahmen entwickeln zu können. Aus diesem Grund erfolgt eine oberflächliche Erfassung des Stellenwertes verschiedener Attribute, um im Vergleich die verschiedenen Zustände analysieren zu können. Daraus sollen sich anschließend weitere Handlungsempfehlungen ergeben, die eng an den jeweiligen Entwicklungszustand, des eigenen Employer Branding Konzeptes gekoppelt werden können. Attribute, die der Leitfrage aus Abbildung A-14 unterstellt sind, sind folgende:

- Personalmarketing und -beschaffung
- Personalentwicklung (inkl. Aus- und Weiterbildung)
- Lohn und Gehalt
- Arbeitszeiten
- Personalabbau
- Kostenoptimierung
- Personalcontrolling

Anhand der in Abbildung A-15 abgebildeten Leitfrage und den dazugehörigen Attributen soll analysiert werden, inwieweit die zuvor erläuterten Probleme des Arbeitsmarktes bereits eingetroffen sind oder aber nach Meinung der Teilnehmer in absehbarer Zeit eintreffen werden. Nach dem Abgleich der Ergebnisse sind die Attribute, die von den Teilnehmern häufig mit einer hohen, d.h. einer existenziellen Gefährdung, beantwortet wurden, später im Maßnahmenkatalog weiter zu verfolgen. Aus den Ergebnissen sollen Maßnahmen, welche dem jeweiligen Punkt entgegenwirken, entwickelt werden. Ergänzend dazu soll die nachfolgende Fragestellung die oben genannte Thematik vervollständigen (Siehe hierzu Abbildung A-16).

Employer Branding Entwicklung
Die in Abbildung A-17 dargestellten Fragen betreffen lediglich die Unternehmen, welche sich bereits im Vorfeld mit dem Thema Employer Branding beschäftigt und ein entsprechendes Konzept entwickelt haben. Die Analyse der Antworten soll darüber informieren wer für erste Ideen, die Einführung und die weitere Entwicklung von Employer Branding Maßnahmen verantwortlich gewesen ist. Daraus folgend, soll im Anschluss eine Handlungsempfehlung formuliert und ausgesprochen werden. Diese soll sich darauf beziehen ob externe Berater für die Entwicklung einbezogen werden sollen oder die Arbeitgebermarke auf den Erfahrungen und Werten unternehmenseigener Mitarbeiter errichtet werden sollte.

Zielgruppenanalyse
Um im späteren eine Wirksamkeit von Maßnahmen feststellen zu können, ist es von entscheidender Bedeutung zu erfahren, welche Zielgruppe mit einer einzuführenden Arbeitgebermarke angesprochen werden soll. Eingeleitete Maßnahmen, die beispielsweise im Unternehmen A für positive Ergebnisse gesorgt haben, müssen nicht zwangsläufig auch im Unternehmen B zu gleichen Erfolgen führen. Ein Hauptgrund dafür können unterschiedliche Zielgruppen sein. Um dies weiter an dem zuvor genannten Beispiel zu erläutern, wirbt Organisation A sehr erfolgreich mit Social-Media-Posts für vakante Stellen. Hauptsächliche Zielgruppe stellen Abiturienten und Bachelorabsolventen dar. Organisation B erfährt von dieser Maßnahme und startet ebenfalls Kampagnen dieser Art. Unternehmen B sucht jedoch keine Berufsstarter, sondern erfahrene Mitarbeiter mit weitreichenderer Berufsausbildung. Dass die hier eingeleitete Maßnahme zu unterschiedlichen Erfolgen führt, ist schnell ersichtlich.

Diese Erkenntnis zeigt wie wichtig es ist im Vorfeld eine Zielgruppenanalyse durchzuführen. Erst wenn die Zielgruppen eindeutig definiert sind, lassen sich entsprechende Maßnahmen einleiten um die Kampagne in die richtigen Kanäle zu leiten (Siehe hierzu Abbildung A-18).
Nachdem eine bestimmte Zielgruppe definiert und analysiert werden konnte, gilt es heraus zu finden, welche Erwartungen diese Zielgruppe an einen potentiellen Arbeitgeber haben (Siehe hierzu Abbildung A-19). Dieser Schritt zur Ausrichtung von Employer Branding Prozessen ist insbesondere von Bedeutung, sodass möglichst viele Erwartungen erfüllt und im späteren eingehalten werden.

Ganz gleich ob erfolgreich eingeführtes Employer Branding oder herkömmliche Personalbeschaffungsmaßnahmen - jedes Unternehmen beschäftigt sich mit der Thematik der Personalbeschaffung. In diesem Zusammenhang steht es jeder Organisation frei, ein Medium auszuwählen, über das es potentielle Bewerber anspricht. Um möglichst effektive Maßnahmen bezüglich der Personalbeschaffung herausstellen zu können, werden im weiteren Verlauf des Fragebogens nach dem sich einstellenden Erfolg durch eingeführte Maßnahmen gefragt. Diese sind in Abbildung A-20 abgebildet.

Ein wirklicher Erfolg lässt sich letztendlich erst nach der weiterführenden Analyse der nachfolgenden Fragen beurteilen (Siehe hierzu Abbildung A-21). Viele Bewerbungen infolge einer Online-Stellenanzeige suggerieren noch keinen Erfolg der Personalbeschaffungsmaßnahme. Erst wenn das Unternehmen auch mit der Qualität der Bewerbungen und den Bewerbern zufrieden ist, kann von einem verzeichneten Erfolg gesprochen werden. Demnach dürfen viele Fragestellungen nicht gesondert betrachtet werden, sondern müssen als Ganzes in die Analyse einfließen.

Bleiben trotz der Bemühungen im Personalwesen Stellen im Unternehmen unbesetzt, muss auch hier eine genaue Analyse stattfinden, weshalb diese Stellen nicht besetzt werden. Aus den Ergebnissen der teilnehmenden Unternehmen sollen grundsätzliche Problemstellungen identifiziert werden, die für das Nichtbesetzen von vakanten Stellen verantwortlich sind. Durch häufiges Markieren einer bestimmten Antwort kann somit ein im Endeffekt eine Handlungsempfehlung abgeleitet werden. Um dieses Vorgehen verständlich zu machen, soll ein Beispiel herangeführt werden.

Viele teilnehmende Unternehmen beklagen die mangelnde Fachkompetenz der Bewerber. Daraus würde sich unter Einbezug anderer Fragen eine mangelhafte Zielgruppenanalyse prognostizieren lassen. Wenn von Beginn der Kampagne eine andere und fachlich besser ausgebildete Zielgruppe angesprochen wäre, würde hier ein anderes Ergebnis markiert worden sein.

Wie auch bei der Nichtbesetzung von Vakanzen gibt es immer einen oder mehrere Gründe die dazu geführt haben, dass ein Arbeitnehmer das Unternehmen wieder verlässt. Einige allgemeine Gründe werden in Abbildung A-22 im Fragebogen erfragt und im Anschluss bewertet. Folgende Attribute werden in der abgebildeten Fragestellung angeführt:

- Mangel an geeigneten Bewerbungen
- Mangelnde Fachkompetenz der Bewerber
- Fehlende Sozialkompetenz der Bewerber
- Bereitschaft zur Mobilität
- Hohe Gehaltserwartungen
- Hohe Anforderungen seitens der Fachabteilungen

Einige Unternehmen führen in diesem Zusammenhang spezielle Mitarbeiterbefragungen mit ausgeschiedenen Mitarbeitern durch. Inhaltlich geht es bei dieser
Art der Befragung darum, das Ausscheiden des Mitarbeiters zu begründen und
auf diesem Wege die nötigen Informationen zu erhalten, sodass ein zukünftiges
Ausscheiden von Mitarbeitern verhindert werden kann. Die Fragestellung zielt
somit speziell darauf ab Regelmäßigkeiten festzustellen. Aus diesen Regelmäßigkeiten sollen wie bereits erwähnt Handlungsempfehlungen für die im Folgenden zu entwickelnde Checklisten resultieren. Um hier eine Gewichtung mit einfließen zu lassen, wurden die Teilnehmer auch nach der Anzahl der Mitarbeiter,
welche das Unternehmen verlassen haben, gefragt (Siehe hierzu Abbildung
A-23). Demnach werden die betreffenden Antworten von Unternehmen, welche
nur einen geringen Fortgang von Mitarbeitern verzeichnen, geringer bewertet
als die Antworten von Unternehmen mit höherem Fortgang.

Speziell die angesprochene enttäuschte Erwartungshaltung von Mitarbeitern, welche durch nichteingehaltene Arbeitgeberversprechen entsteht, spielt
eine entscheidende Rolle im Employer Branding. Aufgrund dessen wurde letz-
tere Fragestellung gesondert abgefragt. Allerdings kann Diese Fragestellung lediglich von Unternehmen beantwortet werden, welche die Hintergründe der
Kündigung des ehemaligen Mitarbeiters erfragt haben. Dies ist bei der Auswertung der Ergebnisse zu beachten.

7 Ergebnisanalyse

Nach der theoretischen Behandlung des Themas und der Vorstellung der verschiedenen Maßnahmen durch die die erforderlichen Daten gewonnen werden, folgt im vorliegenden Kapitel die Aufbereitung und Analyse dieser Daten. Wie bereits erwähnt richtet das Forschungsinteresse den Focus darauf, im Anschluss eine Checkliste mit diversen Handlungsempfehlungen zu erstellen. Je nach Verwertbarkeit der gewonnenen Erkenntnisse fließen diese bei der späteren Erarbeitung des Maßnahmenkatalogs oder der Employer Branding Checklisten mit ein. Da die vorliegende Arbeit in weiten Teilen in Verbindung mit der HWK Münster entstanden ist, werden auch Umfragewerte aus vorangegangenen Erhebungen der HWK in der Analyse als auch bei der Erstellung der Checklisten verarbeitet. Da eine Beschreibung der empirischen Erhebung und Erläuterung der Intention bereits in Kapitel 6 stattgefunden hat werden an dieser Stelle lediglich die Ergebnisse der Umfrage zusammengetragen und analysiert.

Eine weitreichende Erkenntnis lieferte im Vorfeld bereits die Teilnahmequote der Online-Umfrage sowie die Bereitschaft zu einer persönlichen Befragung. Anfänglich wurden 24 Unternehmen aus verschiedenen Gewerken der Handwerksbranche telefonisch kontaktiert und über das anstehende Vorhaben informiert. Aus den Telefongesprächen ergaben sich nicht mehr als drei Termine für eine Befragung. Die übrigen telefonisch kontaktierten Unternehmen verwiesen auf eine ausgeschöpfte terminliche Lage, bekundeten das konkrete Desinteresse oder baten darum das Anliegen erneut schriftlich zu schildern. Die erwünschte Schilderung der Thematik geschah zeitnah, führte jedoch zu keinen weiteren persönlichen Befragungen.

Auch die Teilnahmequote des Online-Fragebogen gestaltete sich ähnlich. Hier wurden im ersten Gang insgesamt 76 Unternehmen vom Interviewer angeschrieben. Die Resonanz vor einer Erinnerung belief sich auf fünf ausgefüllte Fragebögen. Nach einer ersten Erinnerung, bei der zeitgleich auch 18 weitere Unternehmen erstmalig kontaktiert wurden, erhöhte sich diese Zahl auf zwölf ausgefüllte Fragebögen. Ein Fragebogen konnte jedoch aufgrund von Unvollständigkeit nicht in die spätere Analyse einfließen. Aufgrund der mangelnden Beteiligung wurden im Nachgang die umliegenden Handwerkskammern, Innungen und Kreishandwerkerschaften kontaktiert. Dabei wurde um die Verteilung

des Online-Fragebogens gebeten, welche von Seiten der jeweiligen Institution zugesichert wurde. Durch die somit
durchgeführte externe Verteilung können hier keine genauen Zahlen der kontaktierten Unternehmen vorgelegt werden. Diese Maßnahme ließ die Anzahl der beantworteten Fragebögen jedoch lediglich auf 15 steigen.

Wohl wissend der Tatsache, dass eine unternehmerische Organisation wöchentlich eine Vielzahl ähnlicher Umfragen erhält und es aufgrund von terminlichen Engpässen nicht möglich ist jede dieser Umfragen zu beantworten, lässt sich dennoch folgendes daraus ableiten.

Unternehmen der Baubranche, schwerpunktmäßig kleine und mittelständische Unternehmen, haben oft nicht die Kapazitäten oder nicht das Interesse sich mit aktuellen oder zukunftsträchtigen Thematiken, welche nicht das tägliche Baugeschehen beeinflussen, auseinanderzusetzen. Diese Annahme beruht weitestgehend auf den Aussagen aus den geführten Telefongesprächen oder aber auch aus den aufschlussreichen Interviews mit Firmen der Baubranche. Dort wurde mehrfach erwähnt, dass eine solche Teilnahme aber auch die Durchführung von Maßnahmen, wie die des Employer Brandings, in weiten Teilen mit dem situativen Geschäft in Zusammenhang steht. Weiterhin wurde erwähnt, dass Maßnahmen, die nicht das tägliche Baugeschehen und somit eine direkte Änderung zur Folge haben als weniger wichtig erachtet werden. Letztendlich kann aufgeführt werden, dass speziell in Betrieben in denen auch das Führungspersonal noch im täglichen Baugeschehen aktiv ist, weniger Interesse an Maßnahmen dieser Art zeigen.

7.1   Auswertung einzelner Fragen

Im folgenden Teil der vorliegenden Arbeit werden beispielhaft einige Fragen ausgewertet. Zur detaillierten Analyse wurden wie bereits genannt weitere Studien sowie Umfragewerte der HWK hinzugezogen. Zudem werden die Grafiken durch Tabellenwerte, welche ebenfalls Ergebnisse der Umfrage sind, ergänzt. Der Aufbau der Analyse hält sich streng an die im Vorfeld vorgestellte Reihenfolge des Fragebogens.

7.1.1 Allgemeine Daten / Zuordnung

Die Auswertung der soziodemografischen Befragungsergebnisse bringt hervor, dass Gesellschaften mit beschränkter Haftung (GmbH) im Handwerk mengenmäßig überliegen. 50 % der Teilnehmer geben an, dass die Unternehmung als GmbH in das Handelsregister eingetragen ist. 35,7 % seien als Gesellschaft mit beschränkter Haftung & Compagnie Kommanditgesellschaft (GmbH & Co. KG) eingetragen sowie 14,3 % als Einzelunternehmer tätig.[205] Weiterhin wird ersichtlich, dass 35,7 % der ausgefüllten Fragebögen dem Hauptbaugewerbe und 64,3 % dem Nebenbaugewerbe zuzuordnen sind.[206] Erkenntnisreich ist die Anzahl der beantworteten Fragebögen hinsichtlich der Anzahl der im Unternehmen beschäftigten Mitarbeiter. Demnach wurden 50 % der Umfragebögen von Unternehmen mit mehr als 50 Mitarbeitern ausgefüllt und 28,6 % von Organisationen mit bis zu 50 Beschäftigten. Lediglich 21,4 % wurden durch Unternehmen mit 10 – 50 Beschäftigten bearbeitet. Das Diagramm in Abbildung 20 stellt diese Daten nochmals übersichtlich dar.

Wie viele Mitarbeiter beschäftigt Ihr Unternehmen zur Zeit? (14 Antworten)

- 1 - 10 Mitarbeiter
- 10 - 50 Mitarbeiter
- 50 - 250 Mitarbeiter
- > 250 Mitarbeiter

50%

21,4%   28,6%

Abbildung 20: Beteiligung der Umfrage bezogen auf Beschäftigte Mitarbeiter

Dieses Ergebnis unterstreicht den in der Theorie dargestellten wie aber auch in persönlich geführten Gesprächen erörterten Sachverhalt, dass größere Unternehmen auch größere Kapazitäten zur Verfügung haben und dementsprechend bereitwilliger im Umgang mit Soft-Skills sind als kleinere Unternehmen. Ebenso

---

[205] Siehe hierzu im Anhang Abbildung A-24.
[206] Siehe hierzu im Anhang Abbildung A-25.

erkenntnisreich ist die Beantwortung der Fragestellung, in welchem Einflussbereich eine Organisation tätig ist. Hier wird deutlich, dass es eine gleichwertige Verteilung von 42,9 % der Unternehmen die regional und überregional tätig sind gibt und lediglich 14,3 % über einen internationalen Einflussbereich verfügen.[207]

7.1.2 Unternehmenswesen und Leitbild

Aufschlussreiche Ergebnisse lieferte ebenfalls die Fragestellung nach Eigenschaften die das Unternehmenswesen beschreiben oder dem bereits definierten Leitbild einer Organisation zu entnehmen sind. Insbesondere die Begriffe „Flexibilität" und „Dynamik" wurden in beiden Fragestellung mehrfach genannt. Dies zeigt, dass handwerklich tätige Betriebe immer das Bedürfnis, als auch den Bedarf verspüren, flexibel am Markt agieren zu können. Für die weitere Auswertung bedeutet dies, dass von starren Maßnahmen oder Prozessen abzusehen ist und flexible Lösungen für die Umsetzung in Handwerksbetrieben kleiner und mittelständischer Unternehmungen geeigneter sind. Weiter wurde ein Aufschluss darüber gewonnen, dass vier der 14 ausgewerteten Fragebögen noch kein definiertes Leitbild verfasst haben. Wie wichtig ein Leitbild bei der Gründung einer Arbeitgebermarke ist, wurde im vorangestellten Teil der Arbeit deutlich. Demnach führt diese Erkenntnis zu einer direkten Handlungsempfehlung: Dem Erstellen eines Leitbildes.[208]

7.1.3 Grobe Bedarfsplanung/-schätzung

Um einen vereinfachten Einblick über den Mitarbeiterbedarf in handwerklichen Organisationen zu erhalten, wurden die Antworten der Fragebögen ausgewertet und aufsummiert. Dies ergab einen Bedarf, welcher aus dem in nachfolgender Abbildung 21 abgebildetem Diagramm zu entnehmen ist.

---

[207] Siehe hierzu im Anhang Abbildung A-26.
[208] Siehe hierzu im Anhang Abbildung A-27.

Abbildung 21: Summierter Bedarf an Mitarbeitern

Die Umfrageergebnisse unterstreichen den in der Theorie beklagten Fachkräftemangel. Speziell auf die Frage der benötigten Fachkräfte waren die Umfrageergebnisse deutlich höher als in anderen Bereiche einer Organisation. Von interessanter Bedeutung für die kleinen und mittelständischen Unternehmen ist die Tatsache, dass der Bedarf an Auszubildenden den Bedarf an Fachkräften nochmals übersteigt. Dies lässt zum einen darauf schließen, dass Unternehmen die Problematik des Fachkräftemangels erkannt haben und dem Fachkräftemangel mit eigens durchgeführten Ausbildungsmaßnahmen entgegenwirken wollen. Zum anderen verdeutlicht die starke Nachfrage nach Auszubildenden jedoch ebenso, auf welche Zielgruppen die zu entwickelnden Maßnahmen abgestimmt werden sollten. An dieser Stelle wird erneut auf die Notwendigkeit einer gewissenhaften Durchführung der Zielgruppenanalyse und einer den Unternehmenszielen angepassten Positionierung am Markt hingewiesen. Diese Notwendigkeit führt automatisch zur nächsten direkten Handlungsempfehlung: Dem Durchführen einer gewissenhaften Zielgruppenanalyse und der weitergehenden Positionierung auf dem Markt.

7.1.4 Arbeitgeberattraktivität/Image/Bekanntheit

In der Studie „Universum Professional Survey 2007" wurden 6826 potentielle Arbeitnehmer nach den Eigenschaften eines idealen Arbeitgebers befragt. Dabei konnten die in Abbildung 22 dargestellten Ergebnisse festgehalten werden:

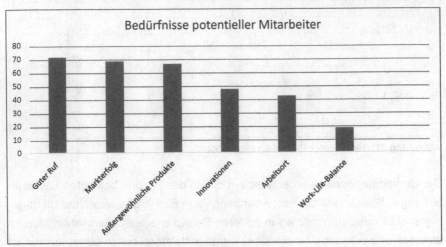

Abbildung 22: Bedürfnisse potentieller Bewerber

Die Studie lässt sich in soweit mit der in der vorliegenden Arbeit vorgestellten und eigenständig durchgeführten Befragung zusammenfassen, dass potentielle Bewerber insbesondere einen großen Stellenwert dem guten Ruf und dem Markterfolg einer Organisation zuschreiben. Ein ebenso großes Bedürfnis von potentiellen Bewerbern ist die Außergewöhnlichkeit der Produkte oder der Dienstleistungen einer Unternehmung. Weiterhin wird den Innovationen und dem Arbeitsort eine große Bedeutung zugeschrieben. Gegensätzlich zur dargestellten Fachliteratur bringt die Umfrage hervor, dass das Bedürfnis nach einer ausgeglichenen Work-Life-Balance relativ gering ist.

Nachfolgend werden die Werte aus der Studie „Universum Professional Survey 2007" und die Werte der eigens durchgeführten Umfrage, in der die Einschätzung der Arbeitgeber zu gleicher Thematik erfragt wurde, abgeglichen. Des Weiteren fließen erhobene Umfragewerte aus den Fragestellungen nach Wettbewerbsnachteilen und die Einschätzung des Arbeitgebers hinsichtlich der in Verbindung zur Baubranche gestellten Attribute in die Auswertung mit ein.

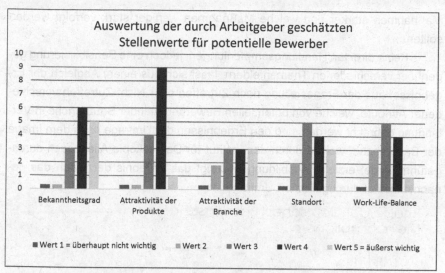

Abbildung 23:   **Auswertung der durch Arbeitgeber geschätzten Stellenwerte für potentielle Bewerber**

Das in Abbildung 23 dargestellte Diagramm zeigt die zusammenfassende Auswertung der von den Teilnehmern eingeschätzten Stellenwerte von potentiellen Bewerbern auf die abgefragten Attribute. Längs der X-Achse sind die zutreffenden Attribute mit den geschätzten Werten der Teilnehmer angeordnet. Die Y-Achse zeigt an wie oft die jeweiligen Stellenwerte von den Teilnehmern angekreuzt wurden. Demnach stellt sich ein Ergebnis ein, dass nach Einschätzungen vieler Attribute durch die Arbeitgeber, mit den Bedürfnissen der Bewerber deckungsgleich sind. Beispielsweise wird der Bekanntheitsgrad einer Unternehmung von den Teilnehmern der Umfrage als wichtiges Kriterium angesehen. Im Abgleich mit der zuvor genannten Studie, bei der der gute Ruf eines Unternehmens als herausstechendes Bedürfnis eines Bewerbers dargestellt wird, erkennt man, dass die Einschätzung mit dem tatsächlichen Bedürfnis übereinstimmt. Anders ist dies bei der Einschätzung und Bewertung von Work-Life-Balance Maßnahmen. Das Bedürfnis der Bewerber nach solchen Maßnahmen ist der Studie nach zu urteilen eher gering. Die Betrachtung der Einschätzungen der Unternehmer zeigt allerding, dass diese den Maßnahmen jedoch einen deutlich höheren Stellenwert zuordnen. Diese Erkenntnis gibt einen Aufschluss darüber welche Attribute innerhalb der Entwicklung von Employer Branding

Maßnahmen stärker und welche Maßnahmen weniger stark verfolgt werden sollten.

Keine direkten Handlungsempfehlungen, jedoch eine Sensibilisierung gegenüber verschiedenen Themenfeldern, lässt sich aus einem Abgleich der Ergebnisse, aus der Fragestellung nach Zutreffen oder Nicht-Zutreffen verschiedener Attribute, welche von potentiellen Bewerbern mit der Baubranche in Verbindung gebracht werden, und den Ergebnissen der Umfrage nach dem Image der Baubranche, welche durch das Institut für Demoskopie Allensbach durchgeführt wurde, erzielen. Abbildung 24 zeigt das Ergebnis der durch das genannte Institut durchgeführten Umfrage.

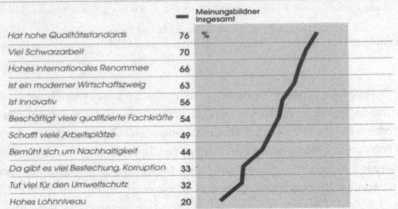

Abbildung 24:   Image der deutschen Bauwirtschaft bei Meinungsbildnern[209]

Im Online-Fragebogen sollten die Teilnehmer das Zutreffen oder Nicht-Zutreffen abgefragter Attribute in Bezug auf die Baubranche markieren. Die in der nachfolgenden Tabelle 19 dargestellten Werte zeigen auf, wie viel Prozent der Teilnehmer das jeweilige Attribut als zutreffend für die Baubranche einschätzen. Demgegenüber stehen die prozentualen Ergebnisse der Umfrage des Instituts.

---

209 Vgl. Allensbacher Archiv, lfd. Umfrage 5238, unter: http://www.bauindustrie.de/ueber-uns/bauwirtschaft-in-der-oeffentlichkeit/. (Abrufdatum: 23.07.2016).

Daraus wird deutlich, dass einige der Attribute von den Teilnehmern überein-
stimmend eingeschätzt wurden und diese somit ein realistisches Bild von der
Bauwirtschaft vor Augen haben.

Attribut	Umfragewert	Meinungsbildner
Innovativ	46,2 %	56 %
Gewinnorientiert	64,3 %	63 %
Ökologisch	30,8 %	32 %

Tabelle 19:   Vergleich der Umfragewerte mit den Werten der Meinungsbildner

Jedoch zeichnen sich ebenfalls unterschiedliche Ansichten ab, woraus sich
Handlungsempfehlungen in Bezug auf bevorstehende Employer Branding Maßnahmen ableiten lassen. Beispielsweise schätzen 91,7 % der Befragten, dass
potentielle Bewerber die Baubranche als Branche mit hoher Arbeitsplatzsicherheit sehen.[210] Demgegenüber steht das Ergebnis der Umfrage des Instituts, in
dem lediglich 49 % der Teilnehmer dies entsprechend einschätzen.

Ein weiteres Beispiel ergibt sich aus der Einschätzung zur Lohn- und Gehaltsstruktur. Hier schätzen 78,6 % der Teilnehmer der eigens durchgeführten
Umfrage die Situation so ein, dass diese ein hohes Lohnniveau vorweisen können. Die Umfrage des Allensbach Instituts hingegen zeigt, dass das Image der
Baubranche für ein weniger hohes Lohnniveau steht. Hieraus entsteht zum einen das Ergebnis, dass Arbeitgeber in beispielhaft aufgeführten Bereichen sensibilisiert werden sollten und die Bedürfnisse des potentiellen Bewerbers infolge
dessen besser kennenlernen sollten. Zum anderen ergeben sich daraus direkte
Handlungsempfehlungen. Beispielsweise sollten Werbekampagnen gezielt auf
das negative Image der Baubranche gerichtet werden, sodass potentiellen Bewerbern signalisiert wird, dass der Ruf der Baubranche nicht den tatsächlichen
Stand dieser widerspiegelt.

7.1.5 Employer Branding & Personalpolitik

Das in Abbildung A-29 zusammenfassende Ergebnis auf die Fragestellung, was
die Teilnehmer bislang unter dem Begriff Employer Branding verstehen zeigt,

---

210 Siehe hierzu im Anhang Abbildung A-28.

dass beinahe alle befragten Unternehmen bereits eine konkrete Vorstellung der Begrifflichkeit vor Augen haben. Die nachfolgenden Fragen verdeutlichen, dass viele der Unternehmen sich schon in unterschiedlicher Art und Weise und differenzierter Intensität mit der Einführung eines entsprechenden Konzeptes beschäftigt haben.[211]

Ein Attribut welches der vorangegangenen Leitfrage unterstellt war zeigt jedoch auch, dass 42,9 % der befragten Organisationen von dem Stellenwert einer Employer Brand wissen, jedoch keinerlei Maßnahmen vornehmen. Somit kann das Ergebnis nicht zu einer Handlungsempfehlung führen, da die zu entwickelnden Handlungsempfehlungen lediglich für Unternehmen von Bedeutung sind, die auch bereit sind Handlungen tatsächlich durchzuführen. Dennoch liefert das Resultat wichtige Erkenntnisse darüber, dass die Handwerksbetriebe der Baubranche weiter gegenüber der Umsetzung von Soft-Skills sensibilisiert werden sollten.

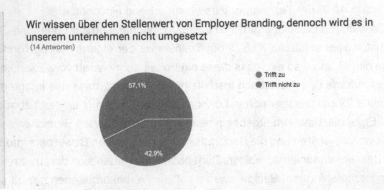

Abbildung 25:   Auswertung der Fragestellung nach dem Zutreffen des Attributs

Ein eindeutiges Ergebnis ergab sich aus der Tatsache, dass mehrere Fragen unterschiedlicher Bereiche in einen Zusammenhang gebracht werden konnten. Demnach konnten die einzelnen Antworten, welche auf die jeweiligen Fragen nach dem Zustand der Employer Branding Aktivitäten gegeben wurden, und auf die Fragestellung nach der Zufriedenheit mit der Qualität der Bewerbungen und Bewerber, miteinander verknüpft werden. Die Erkenntnis, welche aus diesem

---

211 Siehe hierzu im Anhang Abbildung A-29 - Abbildung A-33.

Zusammenhang gewonnen wird, ist unmissverständlich. Lediglich zwei Unternehmen haben auf die Frage „Wie viel Prozent der Bewerbungen und Bewerber sagt Ihnen davon zu?" mit der Antwortmöglichkeit „75 – 90 %" geantwortet. Bei der weiteren Betrachtung der Antworten auf die Fragestellungen nach den bisherigen Employer Branding Aktivitäten wurde ersichtlich, dass die beiden Unternehmen mit der hohen Zufriedenheit von Bewerbern bereits ein weit entwickeltes oder vollständig ausgearbeitetes Employer Branding Konzept vorweisen können. Alle weiteren Unternehmen haben die abgefragten Employer Branding Aktivitäten anderweitig markiert. Blickt man mit diesem Hintergrundwissen zurück auf die grün markierte Spalte aus Tabelle 20, fällt auf, dass alle Unternehmen, welche anders markierte Employer Branding Aktivitäten aufweisen, weitaus unzufriedener mit der besagten Qualität sind. Die nachfolgende Tabelle, welche der Veranschaulichung dienen soll, ist ein Ausschnitt aller gegebenen Antworten unter Berücksichtigung des zuvor beschriebenen Sachverhaltes.

Name des Unternehmens:	Employer Branding ist unwichtig bzw. nur ein Schlagwort	Employer Branding ist wichtig und wird daher innerhalb der nächsten 2 Jahre umgesetzt	Employer Branding ist wichtig, daher haben wir bereits eine Strategie entwickelt	Employer Branding ist wichtig, daher ist unsere Arbeitgebermarke bereits klar definiert	Wir arbeiten ständig an neuen Designs für unser öffentliches Auftreten	Wie viel Prozent der Bewerbungen und Bewerber sagt Ihnen davon zu?
z-e-n-s-i-e-r-t	Trifft zu	Trifft zu	Trifft nicht zu	Trifft nicht zu	Trifft zu	15-30
z-e-n-s-i-e-r-t	Trifft nicht zu	Trifft zu	Trifft zu	Trifft nicht zu	Trifft zu	75-90
z-e-n-s-i-e-r-t	Trifft nicht zu	Trifft zu	Trifft nicht zu	Trifft nicht zu	Trifft nicht zu	0-15
z-e-n-s-i-e-r-t	Trifft nicht zu	Trifft zu	Trifft nicht zu	Trifft zu	Trifft zu	30-50
z-e-n-s-i-e-r-t	Trifft nicht zu	Trifft zu	Trifft zu	Trifft zu	Trifft zu	75-90
z-e-n-s-i-e-r-t	Trifft nicht zu	Trifft nicht zu	Trifft zu	Trifft nicht zu	Trifft zu	15-30
z-e-n-s-i-e-r-t	Trifft nicht zu	Trifft zu	Trifft nicht zu	Trifft nicht zu	Trifft nicht zu	15-30
z-e-n-s-i-e-r-t	Trifft zu	Trifft nicht zu	Trifft nicht zu	Trifft nicht zu	Trifft nicht zu	30-50
z-e-n-s-i-e-r-t	Trifft nicht zu	Trifft zu	Trifft nicht zu	Trifft nicht zu	Trifft nicht zu	15-30
z-e-n-s-i-e-r-t	Trifft nicht zu	Trifft nicht zu	Trifft nicht zu	Trifft nicht zu	Trifft nicht zu	0-15
z-e-n-s-i-e-r-t	Trifft zu	Trifft zu	Trifft zu	Trifft zu	Trifft zu	15-30
z-e-n-s-i-e-r-t	Trifft nicht zu	Trifft zu	Trifft nicht zu	Trifft nicht zu	Trifft zu	0-15
z-e-n-s-i-e-r-t	Trifft zu	Trifft nicht zu	Trifft nicht zu	Trifft nicht zu	Trifft nicht zu	0-15

Tabelle 20: Analyse der Zufriedenheit mit Qualität der Bewerbungen und Bewerber

7.1.6 Zustandsanalyse

Während der Auswertung und näheren Betrachtung der Fragen, die der Zustandsanalyse zuzuordnen sind, konnten verschiedene Zusammenhänge von gegebenen Antworten der Teilnehmer festgestellt werden. Einer dieser Abhängigkeiten ergibt sich aus den Bewertungen der Frage, welchen Stellenwert bestimmte personalwirtschaftliche Themenfelder im Unternehmensmanagement einnehmen sollte in Verbindung mit den Antworten auf die Leitfrage, inwieweit das Unternehmen von abgefragten Attributen wie Überalterung der Belegschaft oder Abwerben von Leistungsträgern betroffen ist. Hier konnte ein deutlicher Zusammenhang zwischen den Markierungen auf das Attribut der abzuwerbenden Leistungsträger und dem Stellenwert von den Themenfeldern „Lohn & Gehalt" sowie „Arbeitszeiten" verzeichnet werden.

Alle Unternehmen, welche existenziell von der Abwerbung von Mitarbeitern betroffen sind gaben im Vorfeld an, der Lohn- und Gehaltsthematik einen großen Stellenwert sowie der Arbeitszeitthematik eher einen geringeren Stellenwert, zuordnen. Mit den entsprechend markierten Antworten bestätigt sich die in der Theorie dargestellte Thematik, dass Mitarbeiter nicht lediglich aufgrund eines hohen Gehaltes an ein Unternehmen zu binden sind. Vielmehr beeinflussen frei zu regelnde Arbeitszeiten und weitere personalwirtschaftliche Themen das Wechselverhalten von Mitarbeitern.[212] Eine daraus abzuleitende Handlungsempfehlung lautet, dass die Bedürfnisse der Angestellten zu erforschen sind und schlussendlich auf diese eingegangen werden sollte. Weiter wird aufgrund der unterschiedlichen Interessen der jeweiligen Zielgruppen empfohlen, dass personalwirtschaftliche Aspekte flexibel zu handhaben sind.

Falls dennoch der Bedarf nach monetären Entgeltoptimierungen besteht sollten Varianten gewählt werden, welche die Mitarbeiter erreichen. Die HWK Münster hat zu dieser Thematik einen Ratgeber – Personalbindung veröffentlicht. Dieser besagt, dass Gehaltsanpassungen über Sachbezüge den Mitarbeiter besser erreichen als durch eine Erhöhung der Bruttolöhne.[213]

Bei der Betrachtung der gesammelten Ergebnisse konnte ein weiterer Zusammenhang festgestellt werden. Dieser ergab sich aus der Auswertung des

---

212 Siehe hierzu im Anhang Tabelle A-2.
213 Siehe hierzu im Anhang Tabelle A-3.

Erfolges von ausgeführten Personalbeschaffungsmaßnahmen und den Markierungen auf die verschiedenen Attribute aus der Fragestellung inwieweit das jeweilige Unternehmen, innerhalb der nächsten zwei Jahre von den folgenden Attributen betroffen sein wird. Im Bewusstsein, dass alle Unternehmen dem Fachkräftemangel einen hohen Stellenwert zugeordnet haben, lässt sich demnach folgendes ableiten: Die Unternehmen mit einer hohen Markierung im Bereich „Kooperation mit Berufsbildenden- und Hochschulen" markierten zuvor einen geringeren Stellenwert im Bereich „Mangel an qualifizierten Fachkräften".[214] Daraus lässt sich schlussfolgern, dass die Zusammenarbeit mit Berufsbildenden- und Hochschulen einen nicht zu unterschätzenden Einfluss auf die Personalgewinnung ausübt. Eine Handlungsempfehlung bezüglich der Thematik ist daher offensichtlich und fordert eine engere Zusammenarbeit der Unternehmen mit ausbildenden Schulen.

7.1.7 Employer Branding Entwicklung

In Anbetracht aller ausgewerteten Fragebögen lässt sich zusammenfassend aufführen, dass ein Großteil (75 %) der befragten Unternehmen die Ideen, welche zu ersten Employer Branding Maßnahmen geführt haben, eigenständig entwickelt haben. Lediglich 25 % haben diese Entschlüsse unter Zuhilfenahme von externen Kräften, wie Unternehmensberatern oder Steuerberatern, geschlossen. Hier ist darauf zu achten, dass nur Unternehmen in die Wertung mit einfließen konnten, die bereits im Vorfeld bestätigt hatten ein Employer Branding Konzept zu verfolgen.[215] Nichtbeachtend der dafür verantwortlichen Personen resultierte aus der vorherigen Frage, dass alle Teilnehmer die Entwicklungen sukzessiv vollzogen haben.[216] Zum einen wird dadurch deutlich, dass gerade kleine und mittelständische Unternehmen einige Maßnahmen ganz situativ einleiten ohne große Kenntnis davon zu tragen, dass diese bereits fixe Bestandteile zum Aufbau einer Employer Brand sind. Zum anderen bestätigt diese Erkenntnis, die aus den persönlich geführten Umfragen gewonnenen Kognition,

---

214 Siehe hierzu im Anhang Tabelle A-4.
215 Siehe hierzu im Anhang Abbildung A-33.
216 Siehe hierzu im Anhang Abbildung A-34.

dass Maßnahmen zur Erlangung von Soft-Skills stark an das zur Verfügung stehende Budget geknüpft sind. Eine daraus zu formulierende Handlungsempfehlung wäre, die einzuführenden Maßnahmen unternehmensspezifisch erfolgen sollten. Maßnahmen, welche unter Zwang durchgeführt werden, könnten aus den in der Theorie genannten Gründen, wie beispielsweise eine unreale Darstellung des Unternehmens, der zu entwickelnden Employer Brand Schaden zufügen.

Des Weiteren kann mit der in Abbildung 26 dargestellten Auswertung der Frage, wer für die stetige Weiterführung der Employer Branding Maßnahmen verantwortlich ist, gesagt werden, dass die selbstständige Einführung von Employer Branding Maßnahmen den Kenntnisstand hinsichtlich der Thematik vertieft. Da die Weiterführung in allen Fällen der Befragung durch eigene Mitarbeiter durchgeführt wird, vereinfacht oben genannter Grund eine solche Weiterführung.

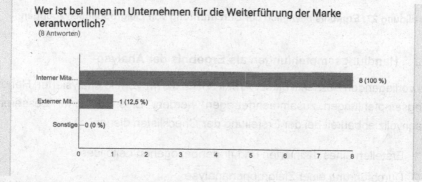

Abbildung 26: Verantwortlichkeiten für die Weiterführung der Employer Brand

7.1.8 Zielgruppenanalyse

Bei der Betrachtung der Ergebnisse im Hinblick auf die Befragungen der Zielgruppenanalyse stach lediglich ein Ergebnis deutlich hervor. Wie die Abbildung 27 darstellt, verneinten die Teilnehmer beinahe geschlossen die Frage, ob bereits Zielgruppenbefragungen zur Ermittlung der von potentiellen Bewerbern vorhandenen Erwartungen durchgeführt wurden. Da im theoretischen Teil der vorliegenden Arbeit die Dringlichkeit einer solchen Maßnahme vorgestellt wurde, ergibt sich hieraus eine weitere Handlungsempfehlung. Um Prozesse, Kampagnen und werbewirksame Auftritte erfolgreich zu planen und zu gestalten, ist es von großer Bedeutung die Bedürfnisse der Zielgruppe zu analysieren. Dies kann auf unterschiedliche Art erfolgen, allerdings ist eine direkte Befragung der Zielgruppe die erfolgversprechendste Maßnahme um die erforderlichen Erkenntnisse zu gewinnen.

Abbildung 27: Ergebnis bezüglich der Durchführung von Zielgruppenbefragungen

7.2 Handlungsempfehlungen als Ergebnis der Analyse

Im vorliegenden Abschnitt dieser Arbeit sollen die im Vorfeld analysierten Handlungsempfehlungen zusammengetragen werden. Dies soll einer besseren Nachvollziehbarkeit bei der Erstellung der Checklisten dienen.

1. Erstellen eines definierten und firmenbezogenen Leitbildes
2. Durchführung einer Zielgruppenanalyse
3. Genaue Positionierung auf dem Arbeitgebermarkt
4. Nutzung von staatlich geförderten Entgeltoptimierungen
5. Sensibilisierung hinsichtlich des Images der Baubranche
6. Entwicklung von speziell ausgerichteten Werbekampagnen
7. Sensibilisierung gegenüber der Wirksamkeit von Soft-Skills
8. Bedarfsanalyse der Bedürfnisse von bestehenden Mitarbeitern
9. Sensibilisierung hinsichtlich der Wirksamkeit von Personalbeschaffungs-maßnahmen

10. Durchführung einer Bedarfsanalyse bezüglich der unterschiedlichen Zielgruppen

11. Sukzessive Einführung von verschiedenen Employer Branding Maßnahmen

12. Selbstständige Einführung oder Einführung in engster Zusammenarbeit mit externen Beschäftigten

Im nachfolgenden Schritt erfolgt die Darstellung der Verarbeitung der oben aufgeführten Handlungsempfehlungen zu Checklisten.

8 Erstellen der Checklisten

Abschließend soll in diesem Kapitel der vorliegenden Arbeit aus der Gesamtheit der gewonnenen Erkenntnisse eine Checkliste, welche die Einführung von Employer Branding Maßnahmen für KMU vereinfacht oder hinsichtlich der Thematiken sensibilisieren soll. Da sich auch im praktischen Teil dieser Thesis immer wieder auf den vorangestellten, theoretischen Teil bezogen wurde, soll diese Handhabung auch bei der Erstellung der Checklisten weitergeführt werden. Letztendlich sollen insgesamt vier Checklisten entstehen, welche eng an den theoretischen Ablauf der Entwicklung einer Employer Brand wie aber auch an die erhobenen Ergebnisse der Umfrage gekoppelt sind. Somit entstehen im Endeffekt folgende Checklisten:

- Checkliste für die Nutzung innerhalb der Analysephase
- Checkliste für die Nutzung innerhalb der Planungsphase
- Checkliste für die Nutzung innerhalb der Umsetzungsphase
- Checkliste für die Nutzung innerhalb der ständigen Kontrollphase

Die Checklisten sollen leicht verständlich und auf möglichst viele strategische Maßnahmen und verschiedenste Randbedingungen anwendbar sein. Das schlichte Design der Checklisten soll gewährleisten, dass die Anwender weder abgelenkt noch durch komplizierte Ausdrucksweise zu verwirrt werden. Jede Checkliste, welche nach den oben genannten Phasen sortiert und zugeordnet wurden, umfasst jeweils zehn Handlungsempfehlungen, die nach der jeweiligen Durchführung abgehakt werden können und somit weiteren Anwendern einen Erfüllungsstatus signalisieren.

Checkliste für die Nutzung innerhalb der Analysephase

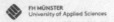

Checkliste für eine erfolgreiche Einführung einer Arbeitgebermarke

Analysephase

Anhand dieser Checkliste überprüfen Sie, welche Kontrollen Sie bereits durchgeführt haben, oder welche Sie noch durchführen sollten, um die Analysephase erfolgreich abzuschließen.

- ☐ Analyse des derzeitigen Arbeitgeberauftrittes
- ☐ Diagnose des derzeitigen Marktes und Wettbewerbs
- ☐ Analyse der eigenen Stärken und Schwächen als Arbeitgeber
- ☐ Analyse der derzeitigen Werte und Normen des Unternehmens
- ☐ Analyse der anzusprechenden Zielgruppe aus potentiellen Bewerbern
- ☐ Analyse der Erwartungen und Bedürfnisse der eigenen Mitarbeiter
- ☐ Durchführung einer Bedarfsermittlung
- ☐ Diagnose derzeitig durchgeführter Unternehmensstrategien
- ☐ Analyse von Unterschieden zu Wettbewerbern

Notizen:

_____

_____

_____

Abbildung 28: Checkliste zur Durchführung der Analysephase

Checkliste für die Nutzung innerhalb der Planungsphase

Checkliste für eine erfolgreiche Einführung einer Arbeitgebermarke

Planungsphase

Anhand dieser Checkliste überprüfen Sie, welche Maßnahmen Sie bereits durchgeführt haben, oder Sie zum Abschluss der Planungsphase noch durchführen sollten.

☐ Durchführung einer Zielformulierung

☐ Ermittlung von verfügbaren Entgeltoptimierungen

☐ Durchführung der Markenpositionierung

☐ Planung verfügbarer Ressourcen

☐ Entwicklung von Marktbearbeitungsstrategien

☐ Sensibilisierung gegenüber:

    o Image der Baubranche

    o Wirksamkeit von Personalbeschaffungsmaßnahmen

    o Wirksamkeit von Soft-Skills

☐ Festlegen instrumenteller Maßnahmen

☐ Erstellung eines Kommunikationskonzeptes

☐ Planung über eigene oder unterstützte Durchführung der Employer Branding Maßnahmen

☐ Entwicklung von Kernbotschaften als Arbeitgeber

Notizen:

_____

_____

_____

Abbildung 29: Checkliste zur Durchführung der Planungsphase

Checkliste für die Nutzung innerhalb der Umsetzungsphase

Checkliste für eine erfolgreiche Einführung einer Arbeitgebermarke

Umsetzungsphase

Anhand dieser Checkliste überprüfen Sie, welche Maßnahmen Sie bereits durchgeführt haben, oder Sie zum Abschluss der Umsetzungsphase noch durchführen sollten.

- ☐ Formulierung des eigenen Unternehmensleitbildes
- ☐ Durchführung geplanter Entgeltoptimierungen
- ☐ Entwicklung und Einführung von Werbekampagnen
- ☐ Ständige Aktualisierung der Unternehmenswebsite
- ☐ Durchführung von Arbeitgeberauftritten in sozialen Medien
- ☐ Abstimmung aller öffentlichen Arbeitgeberauftritte
- ☐ Einführung eines Corporate-Designs
- ☐ Abstimmung aller kommunikativen Maßnahmen an das Corporate Design
- ☐ Durchführung von erarbeiteten Personalbeschaffungsmaßnahmen
- ☐ Kontaktaufnahme zu Bildungseinrichtungen

Notizen:

_____

_____

_____

Abbildung 30: Checkliste zur Durchführung der Umsetzungsphase

Checkliste für die Nutzung innerhalb der ständigen Kontrollphase

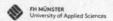

Checkliste für eine erfolgreiche Einführung einer Arbeitgebermarke

Kontrollphase

Anhand dieser Checkliste überprüfen Sie, welche Kontrollen Sie bereits durchgeführt haben, oder noch durchführen sollten.
Idealerweise durchlaufen Sie diese Checkliste in einem festgesetzten Turnus, um eine permanente Überprüfung der Maßnahmen hervorzurufen.

- ☐ Regelmäßige Durchführung von Mitarbeitergesprächen
- ☐ Einführung eines einheitlichen Evaluationssystems
- ☐ Durchführung einer Zielerreichungskontrolle hinsichtlich:
    - o Auswirkungen des Employer Brandings
    - o Mitarbeiterbindung
    - o Mitarbeitergewinnung
- ☐ Vergleichen von Wirksamkeiten unterschiedlicher Maßnahmen
- ☐ Feststellen von Optimierungsbedürfnissen
- ☐ Kontrolle von Informations- und Emotionalisierungsgrad
- ☐ Einholen von „Flurfunk-Informationen"
- ☐ Auswertung von Fehltagen und Krankenständen
- ☐ Bewertung des Arbeitsklimas
- ☐ Kontrolle der Reputation in sozialen Medien

Notizen:

_____

_____

_____

Abbildung 31: Checkliste zur Durchführung der Kontrollphase

9 Fazit und Ausblick

Die Probleme des Fach- und Führungskräftemangels betrifft die klein- und mittelständischen Unternehmen in gleichem Maße wie die großen Konzerne der Baubranche. In einer Zeit, mit einem großen Angebot und unzählig scheinenden Möglichkeiten für Bewerber, ist es eine große Herausforderung talentierte und engagierte Mitarbeiter auf dem Arbeitsmarkt zu finden oder diese auf das eigene Unternehmen aufmerksam zu machen. Die Auswirkungen des Fach- und Führungskräftemangels werden nicht zuletzt durch die in der Arbeit vorgestellten Auswirkungen des soziodemografischen Wandels und weiteren erörterten Aspekten verstärkt. Aufgrund dessen und dem damit einhergehenden kosten- und zeitaufwändigen Rekrutierungsmaßnahmen ist es ebenso von existenzieller Bedeutung die gewonnenen Mitarbeiter langfristig an das eigene Unternehmen zu binden. Diesbezüglich stellen die externen und internen Maßnahmen eines Employer Brandings eine zukunftsorientierte Möglichkeit dar, eine Organisation als attraktiven Arbeitgeber zu positionieren und diesen als solchen zu präsentieren.

Das erwähnte Employer Branding beginnt innerhalb des Unternehmens indem eigene Stärken und Schwächen analysiert und somit das Ziel, die Wertschöpfung des Unternehmens zu erhöhen und das Wohlbefinden bestehender Mitarbeiter zu steigern, fokussiert wird. Folgerichtig bietet die somit erhöhte Wertschöpfung sowie die gewonnenen, zufriedenen Mitarbeiter, beste Chancen auf einen attraktiven Arbeitgeberauftritt. Um den positiven Aufschwung fest innerhalb der Unternehmensstrukturen zu verankern und die Normen und Werte des Unternehmens bei allen Beteiligten zu kommunizieren, hilft die Erstellung eines Unternehmensleitbildes. Dieses sorgt nicht zuletzt für eine fortwährende Stärkung und Verankerung des Unternehmensbildes und wirkt sich infolge dessen positiv auf die Imagebildung und den Bekanntheitsgrad der Organisation aus. Da es bei der Bildung einer Employer Brand von KMU nicht zuletzt darum geht, neben großen Konzernen bestehen zu können, muss an dieser Stelle auf eventuell mangelnde Ressourcen von KMU hingewiesen werden. Gegensätzlich dieser Annahme, identifiziert und formuliert die vorliegende Arbeit Maßnahmen, welche der Steigerung der Arbeitgeberattraktivität dienen und in der Durchführung nur geringfügige Kosten verursachen. Beispielhaft soll hier auf die Kontaktaufnahme zu ortsansässigen Bildungsstätten und deren Schüler hingewiesen werden. Die durchgeführten Umfragen erzielten das Ergebnis, dass Unternehmen, welche im engen Verbund zu Hoch- und Berufsbildenden Schulen stehen, weniger Probleme mit den Auswirkungen des Fach- und Führungskräftemangels haben, als Unternehmen welche noch keine Maßnahmen in derartige Richtung eingeleitet haben.

Weiterführend ergab die Analyse der Umfrageergebnisse, dass sich betroffene Unternehmen über den Einfluss von sogenannten Soft-Skills durchaus bewusst sind, diese jedoch weitestgehend hinter den täglichem Baustellengeschehen einzuordnen sind. Demzufolge gilt es Arbeitgeber dahingehend zu sensibilisieren, dass der strategische und langwierige Prozess, des Aufbaus einer Arbeitgebermarke, nicht durch schwankende Arbeitsmarktsituationen beeinflusst werden darf.

Unter Beachtung unterschiedlichster Bedingungen, welche sich aus den differenzierten Zielgruppen, wirtschaftlichen Situationen und den jeweiligen Umständen der Branche ergeben, sind speziell Arbeitgeber der Baubranche bei der Planung und Positionierung zu einer ausgiebigen Zielgruppenanalyse angehalten. Diese sollte ebenfalls das Image der Branche widerspiegeln. Der ganzheitliche Prozess der Einführung einer Employer Brand sollte dabei nicht nur als Projekt der Personalabteilung betrachtet werden, sondern als interdisziplinäres Vorhaben aller Mitarbeiter einer Organisation verstanden werden.

Auch unter der Annahme, dass nicht jede in dieser Arbeit hervorgebrachte Handlungsempfehlung auf die strategischen Maßnahmen eines Unternehmens anzupassen ist, sollten Arbeitgeber dadurch hinlänglich für das Thema sensibilisiert werden. Denn mit den in dieser Arbeit vermittelten theoretischen Grundlagen sowie unter Zuhilfenahme der auf den Befragungsergebnissen basierenden Checklisten, sollen KMU auf dem Weg zur Arbeitgebermarke unterstützt werden. Dies hätte wiederum die Rekrutierung von Nachwuchskräfte, die langfristige Bindung von bestehenden Mitarbeitern und die Steigerung der Wertschöpfung zur Folge.

Literaturverzeichnis

Aigner, Ulrike; Bauer, Christian (2008): Der Weg zum richtigen Mitarbeiter – Personalplanung, Suche, Auswahl und Integration, 1. Auflage, Wien.

Akademische Marketinggesellschaft e.V. (Hrsg); Grobe, Eva (2008): Aktuelle Perspektiven des Marketingmanagements – Reflektionen aus den Bereichen Holistic Branding, Media Management und Sustainability Marketing, 1. Auflage, Wiesbaden.

Atteslander, Peter (2010): Methoden der empirischen Sozialforschung, 13. Auflage, Berlin.

Barrow, Simon; Mosley, Richard (2006):   Internes Brand Management – Machen Sie Ihre Mitarbeiter zu Markenbotschaftern, 1. Auflage, Weinheim.

Bartscher, Thomas; Stöckl, Juliane; Träger, Thomas (2012): Handlungsfelder, Praxis, 1. Auflage, München.

Beck, Christoph (Hrsg.) (2012): Personalmarketing 2.0 - Vom Employer Branding zum Recruiting, 2. Auflage, Köln.

Bierwirth, Andreas; Meffert, Heribert (2005): Corporate Branding – Führung der Unternehmensmarke im Spannungsfeld unterschiedlicher Zielgruppen, 2. Auflage, Wiesbaden.

Buckesfeld, Yvonne (2012): Employer Branding – Strategie für die Steigerung der Arbeitgeberattraktivität in KMU, 2. Auflage, Hamburg.

Burmann, Christoph; Kirchgeorg, Manfred (2008): Employer Branding als Bestandteil einer ganzheitlichen Markenführung, 1. Auflage, Bremen.

Brandmeyer, Klaus; Pirck, Peter;   Pogoda, Andreas; Prill, Christian (2008): Marken stark Machen – Techniken der Markenführung, 1. Auflage, Weinheim.

Böttger, Eva (2012): Employer Branding - Verhaltensanalysen als Grundlage für die identitätsorientierte Führung von Arbeitgebermarken, 1. Auflage, Wiesbaden.

Drews, Hanno (2001): Instrumente des Kooperationscontrollings – Anpassung bedeutender Controllinginstrumente an die Anforderungen des Managements von Unternehmenskooperationen, 1. Auflage, Wiesbaden.

Esch, Franz-Rudolf (2003): Strategie und Technik der Markenführung, 2. Auflage, Vahlen.

Flato, Ehrhard; Reinbold-Scheible, Silke (2008): Zukunftsweisendes Personalmanagement – Herausforderung demografischer Wandel, 1. Auflage, München.

Gierl, Heribert; Helm, Roland; Huber, Frank; Sattler, Henrik (Hrsg.) (2009): Employer Branding als Erfolgsfaktor – Eine conjoint-analytische Untersuchung, 1. Auflage, Köln.

Görg, Ulrich (2010): Erfolgreiche Markendifferenzierung – Strategie und Praxis professioneller Markenprofilierung, 1. Auflage, Wiesbaden.

Hanußek, David Vinzenz (2016): Employer Branding für KMU – Die Bedeutung internationaler Kontakte bei der Gewinnung von Arbeitskräften, 1. Auflage, Wiesbaden.

Hesse, Gero (2015): Perspektivwechsel im Employer Branding – Neue Ansätze für die Genrationen Y und Z, 1. Auflage, Wiesbaden.

Hiam, Alexander (2011): Marketing für Dummies, 4. Auflage, Weinheim.

Immerschmitt, Wolfgang; Stumpf, Marcus (2014): Employer Branding für KMU – Der Mittelstand als attraktiver Arbeitgeber, 1. Auflage, Wiesbaden.

Jonas, Renate (2009): Erfolg durch praxisnahe Personalarbeit – Grundlagen und Anwendungen für Mitarbeiter im Personalwesen, 2. Auflage, Renningen.

Klaffke, Martin (2009): Wandel durch Diversity Management, in: Klaffke, Martin (Hrsg.): Strategisches Management von Personalrisiken. 1. Auflage, Wiesbaden.

Knecht, Marita; Pifko, Clarisse; Züger, Rita-Maria (2011): Führung für technische Kaufleute und HWD - Grundlagen mir Beispielen, Repetitionsfragen und Antworten sowie Übungen, 3. Auflage, Zürich.

Koppelmann, Udo (2001): Produktmarketing – Entscheidungsgrundlagen für Produktmanager; 1. Auflage, Berlin.

Kriegler, Wolf Reiner (2015): Praxishandbuch Employer Branding – Mit starker Marke zum attraktiven Arbeitgeber werden, 2. Auflage, Freiburg.

Meffert, Heribert (2000): Marketing – Grundlagen marktorientierter Unternehmensführung, 9. Auflage, Wiesbaden.

Meffert, Herlbert; Burmann, Christoph (2002): Marketing- Management- Grundfragen der identitätsorientierten Markenführung, 1. Auflage, Wiesbaden.

Meffert, Heribert; Burmann, Christoph (2005): Markenmanagement – Identitätsorientierte Markenführung und praktische Umsetzung, 1. Auflage, Wiesbaden.

Nagel, Katja (2008): Employer Branding – Starke Arbeitgebermarken jenseits von Marketingphrasen und Werbetechniken, 1. Auflage, Wien.

Petkovic, Mladen (2008): Employer Branding – Ein Markenpolitischer Ansatz zur Schaffung von Präferenzen bei der Arbeitgeberwahl, 2. Auflage, München.

Quenzler, Alfred (2012): Controlling des Employer Branding, in: Employer Branding – die Arbeitgebermarke gestalten und im Personalmarketing umsetzen, DGFP PraxisEdition Band 102, Bielefeld.

Reizle, W. (1993): Marken als strategischer Erfolgsfaktor im Investitionsgütergeschäft, in: Hungenberg, Harald; Meffert, Jürgen; Handbuch strategisches Management, 1. Auflage, Wiesbaden.

Sattler, Henrik; Völckner, Franziska (2007): Markenpolitik, 2. Auflage, Stuttgart.

Schneider, Dieter J. G. (2002): Einführung in das Technologie-Marketing, 1. Auflage, München; Wien; Oldenbourg.

Schuchmacher, Florian; Geschwill, Roland (2009): Employer Branding – Human Resources Management für die Unternehmensführung, 1. Auflage, Wiesbaden.

Scholz, Christian (2000): Personalmanagement – Informationsorientierte und verhaltenstheoretische Grundlagen, 5. Auflage, München.

Stotz, Waldemar; Wedel-Klein, Anne (2009): Employer Branding- Mit Strategie zum bevorzugten Arbeitnehmer, 1. Auflage, München.

Stotz, Waldemar; Wedel-Klein, Anne (2013): Employer Branding – Mit Strategie zum bevorzugten Arbeitgeber, 2. Auflage, München.

Stotz, Waldemar; Wedel-Klein, Anne (2009): Employee Relationship Management - Der Weg zu engagierten und effizienten Mitarbeitern, 1. Auflage, München.

Trost, Armin (2010): Employer Branding – Arbeitgeber positionieren und präsentieren, 1. Auflage, München.

Tomczak, Torsten; Esch, Franz-Rudolf; Kernstock, Joachim; Langner, Tobias (2004): Corporate Brand Management – Marken als Anker strategischer Führung von Unternehmen, 1. Auflage, Wiesbaden.

Wiese, Dominika (2005): Employer Branding – Arbeitgebermarken erfolgreich Aufbauen, 1. Auflage, Saarbrücken.

Zerres, Michael P. (2000): Handbuch Marketing Controlling, 2. Auflage, Berlin; Heidelberg.

Zirnsack, Eik (2008): Employer Branding als Ausprägung des Personalmarketings – Eine Betrachtung vor dem Hintergrund des (prognostizierten) Fachkräftemangels in Deutschland, 1. Auflage, Saarbrücken.

Sekundärquellen

Deutsche Gesellschaft für Personalführung e.V. (2006): Employer Branding - Die Arbeitgebermarke gestalten und im Personalmarketing umsetzen, S. 51.

Statistisches Bundesamt (Hrsg.) (2009): Bevölkerung Deutschlands bis 2060 S. 13.

Statistisches Bundesamt (2013): 13. Koordinierte Bevölkerungsvorausberechnung.

Amtsblatt der Europäischen Union: L124/36. (Abgerufen am: 21.07.2016).

Onlinequellen

Allensbacher Archiv: Laufende Umfrage 5238, unter: http://www.bauindustrie.de/ueber-uns/bauwirtschaft-in-der-oeffentlichkeit/. (Abrufdatum: 23.07.2016).

Aktuelle Fachkräfteengpassanalyse: www.statistik.arbeitsagentur.de (12/2015), (Abrufdatum: 07.06.2015).

Arbeitsratgeber: http://www.arbeitsratgeber.com (Abrufdatum: 15.06.2015).

Deutsche Employer Branding Akademie: www.employerbranding.org (Abrufdatum: 14.06.2016).

Employer Branding Now: http://www.employer-branding-now.de/internes-und-externes-employer-branding (Abrufdatum: 15.06.2016).

Förderland: http://www.foerderland.de/managen/personal/talent-management/demographischer-wandel/ (Abrufdatum: 29.05.2016).

Handwerkskammer Münster: https://www.hwk-muenster.de/de/uber-uns/die-handwerkskammer (Abrufdatum: 12.07.2016).

Haufe: https://www.haufe.de/personal/personal-office-premium/personalcontrolling-kennzahlen (Abrufdatum: 02.07.2016)

Scheidtweiler: Arbeitgeberattraktivität, unter: http://www.employer-branding-now.de/employer-branding-wiki-lexikon/arbeitgeberattraktivitaet-employer-branding-wiki (Abrufdatum: 25.05.2016).

Statistisches Bundesamt: https://www.destatis.de/DE/ZahlenFakten/Gesamtwirtschaft/Umwelt/Arbeitsmarkt (Abrufdatum: 25.05.2016).

Werle: http://www.spiegel.de/karriere/berufsstart/fachkraefte-war-for-talents-und-erwartungen-der-generation-y-a-829778.html (Abrufdatum: 07.06.2016).

Anhang

Abbildungsverzeichnis des Anhangs

Tabellenverzeichnis des Anhangs

Anhang I – Abbildungen zum Online Fragebogen

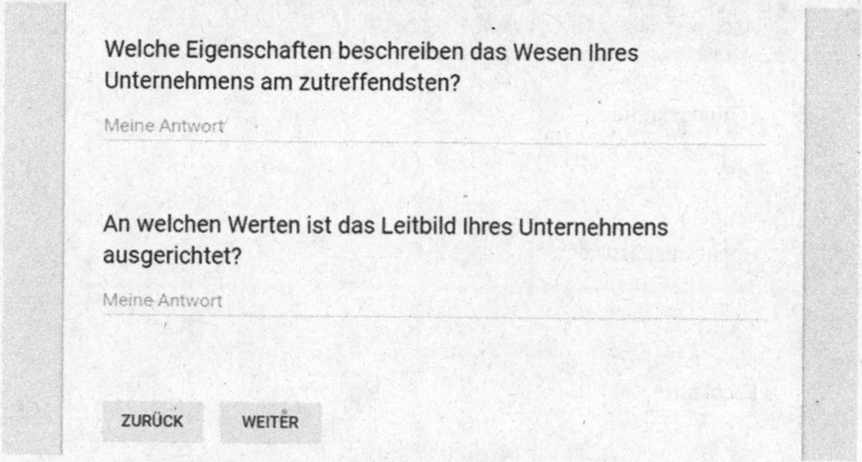

Welche Eigenschaften beschreiben das Wesen Ihres Unternehmens am zutreffendsten?

Meine Antwort

An welchen Werten ist das Leitbild Ihres Unternehmens ausgerichtet?

Meine Antwort

ZURÜCK   WEITER

Abbildung A-1: Fragestellung Leitbild und Unternehmenswesen

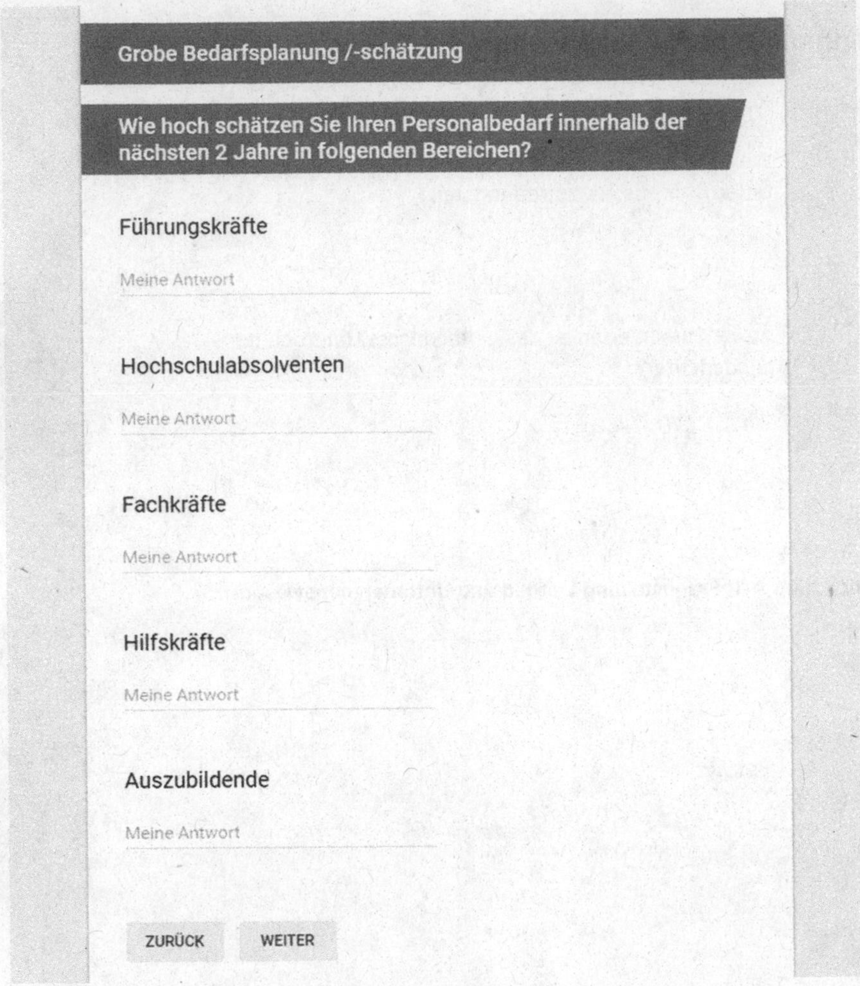

Abbildung A-2: Leitfrage nach grober Bedarfsplanung / -schätzung

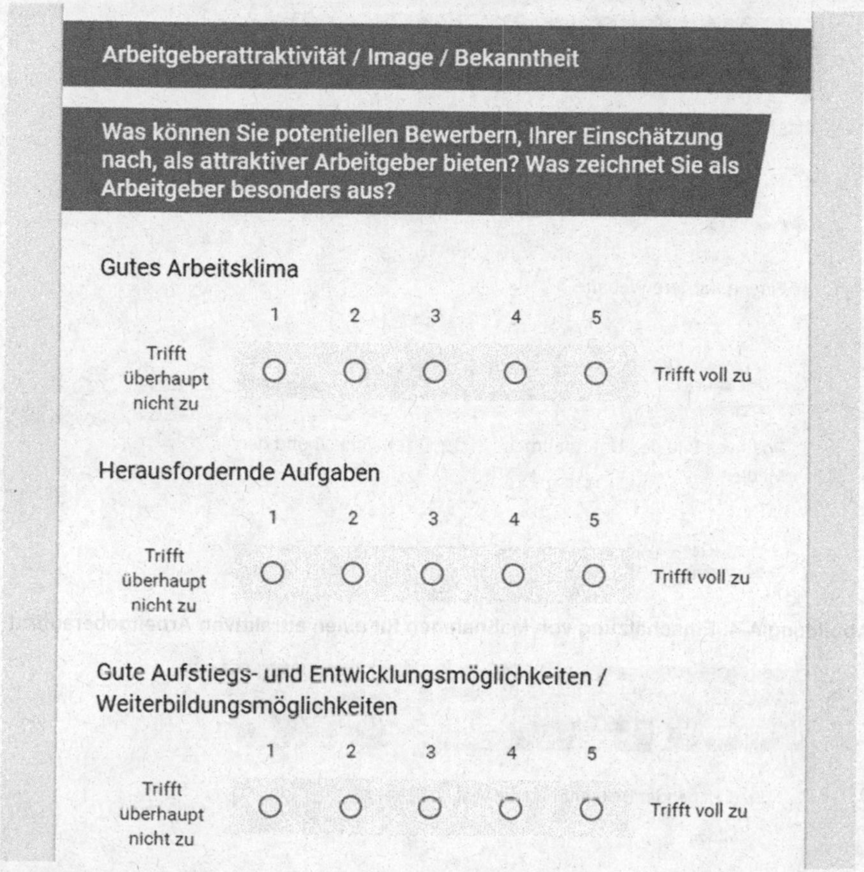

Arbeitgeberattraktivität / Image / Bekanntheit

Was können Sie potentiellen Bewerbern, Ihrer Einschätzung nach, als attraktiver Arbeitgeber bieten? Was zeichnet Sie als Arbeitgeber besonders aus?

Gutes Arbeitsklima

	1	2	3	4	5	
Trifft überhaupt nicht zu	○	○	○	○	○	Trifft voll zu

Herausfordernde Aufgaben

	1	2	3	4	5	
Trifft überhaupt nicht zu	○	○	○	○	○	Trifft voll zu

Gute Aufstiegs- und Entwicklungsmöglichkeiten / Weiterbildungsmöglichkeiten

	1	2	3	4	5	
Trifft uberhaupt nicht zu	○	○	○	○	○	Trifft voll zu

Abbildung A-3: Leitfrage zur Selbstreflektion

Wie wichtig sind Ihrer Meinung nach die folgenden
Maßnahmen für einen attraktiven Arbeitgeberauftritt?

Stellenanzeige

	1	2	3	4	5	
Überhaupt nicht wichtig	○	○	○	○	○	Äußerst wichtig

Eigene Karriere-Website

	1	2	3	4	5	
Überhaupt nicht wichtig	○	○	○	○	○	Äußerst wichtig

Positives Bild des Unternehmens in der Öffentlichkeit und den Medien

	1	2	3	4	5	
Überhaupt nicht wichtig	○	○	○	○	○	Äußerst Wichtig

Abbildung A-4: Einschätzung von Maßnahmen für einen attraktiven Arbeitgeberauftritt

Wo liegen Ihrer Meinung nach Wettbewerbsnachteile,
weshalb potentielle Bewerber bei Mitbewerbern anfangen zu
arbeiten?

Unzureichender Bekanntheitsgrad

○ Trifft zu

○ Trifft nicht zu

Attraktivität der eigenen Produkte / Dienstleistungen

○ Trifft zu

○ Trifft nicht zu

Die Branche

○ Trifft zu

○ Trifft nicht zu

Abbildung A-5: Einschätzung von Wettbewerbsnachteilen bezüglich der Arbeitgeberattraktivität gegenüber Mitbewerbern

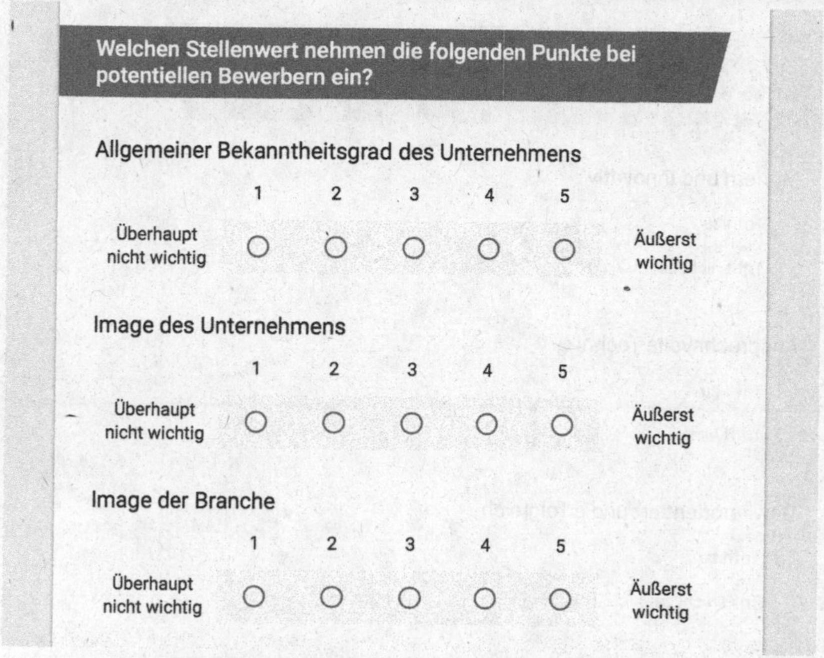

Welchen Stellenwert nehmen die folgenden Punkte bei potentiellen Bewerbern ein?

Allgemeiner Bekanntheitsgrad des Unternehmens

	1	2	3	4	5	
Überhaupt nicht wichtig	O	O	O	O	O	Äußerst wichtig

Image des Unternehmens

	1	2	3	4	5	
Überhaupt nicht wichtig	O	O	O	O	O	Äußerst wichtig

Image der Branche

	1	2	3	4	5	
Überhaupt nicht wichtig	O	O	O	O	O	Äußerst wichtig

Abbildung A-6: Einschätzung von jeweiligem Stellenwert bestimmter Faktoren bei potentiellen Bewerbern

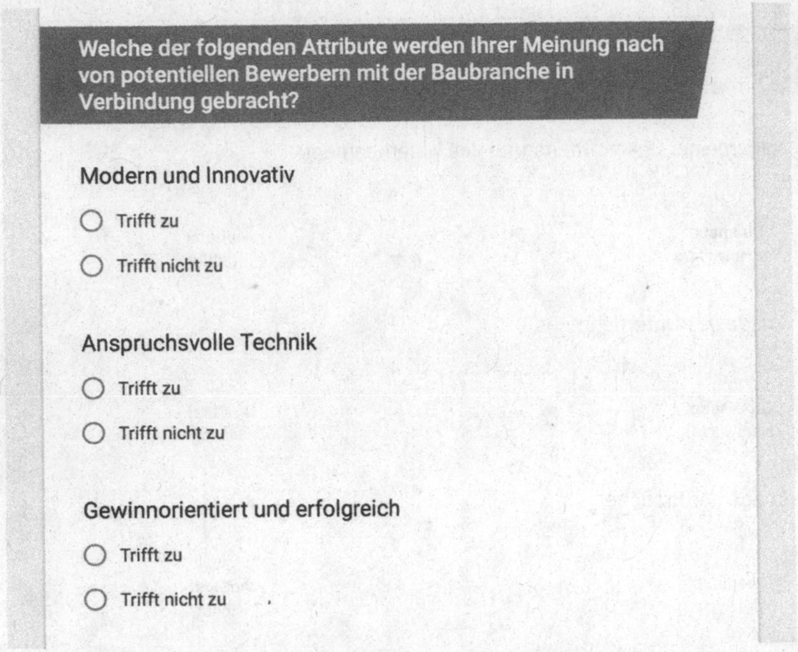

Welche der folgenden Attribute werden Ihrer Meinung nach von potentiellen Bewerbern mit der Baubranche in Verbindung gebracht?

Modern und Innovativ

○ Trifft zu

○ Trifft nicht zu

Anspruchsvolle Technik

○ Trifft zu

○ Trifft nicht zu

Gewinnorientiert und erfolgreich

○ Trifft zu

○ Trifft nicht zu

Abbildung A-7: Zutreffen von verschiedenen Attributen auf die Baubranche

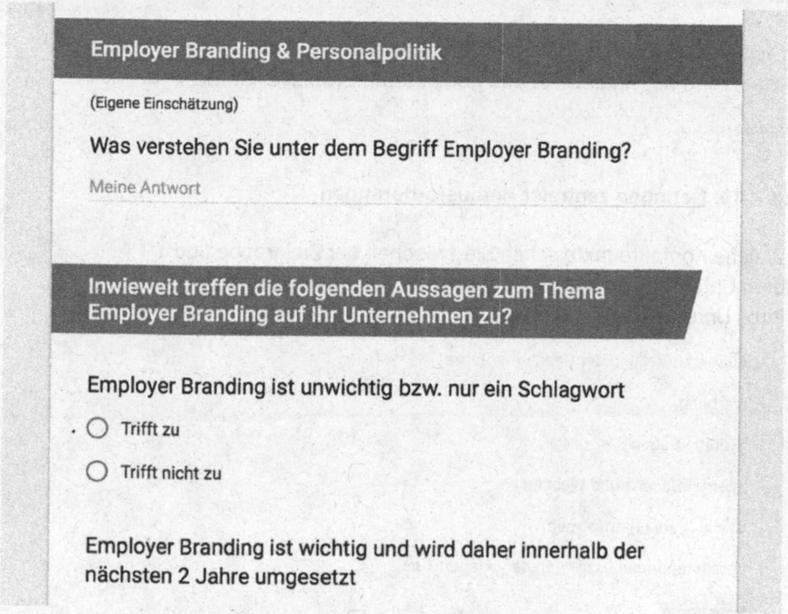

Employer Branding & Personalpolitik

(Eigene Einschätzung)

Was verstehen Sie unter dem Begriff Employer Branding?

Meine Antwort

Inwieweit treffen die folgenden Aussagen zum Thema Employer Branding auf Ihr Unternehmen zu?

Employer Branding ist unwichtig bzw. nur ein Schlagwort

- ○ Trifft zu

○ Trifft nicht zu

Employer Branding ist wichtig und wird daher innerhalb der nächsten 2 Jahre umgesetzt

Abbildung A-8: Employer Branding & Personalpolitik

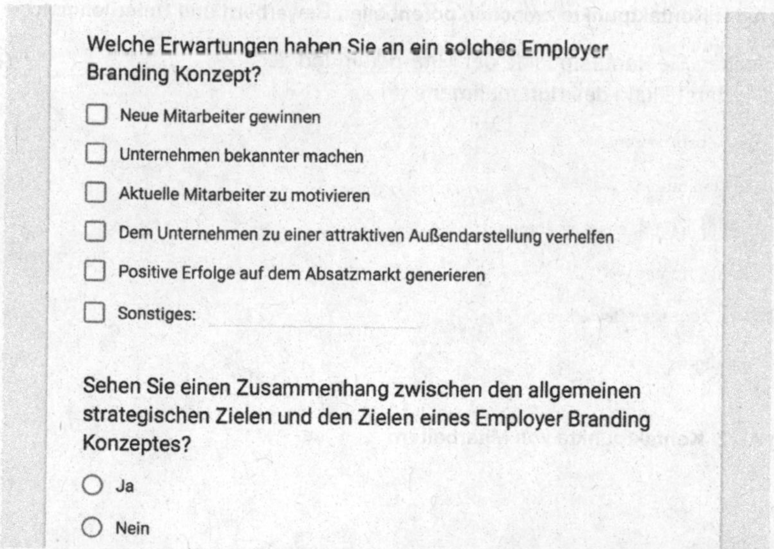

Welche Erwartungen haben Sie an ein solches Employer Branding Konzept?

☐ Neue Mitarbeiter gewinnen

☐ Unternehmen bekannter machen

☐ Aktuelle Mitarbeiter zu motivieren

☐ Dem Unternehmen zu einer attraktiven Außendarstellung verhelfen

☐ Positive Erfolge auf dem Absatzmarkt generieren

☐ Sonstiges:

Sehen Sie einen Zusammenhang zwischen den allgemeinen strategischen Zielen und den Zielen eines Employer Branding Konzeptes?

○ Ja

○ Nein

Abbildung A-9: Erwartungen an ein erfolgreiches Employer Branding

Was sehen Sie als die zentrale Herausforderung in der
Umsetzung für eine starke und konsistente Employer Brand ?

Meine Antwort

Abbildung A-10: Nennung zentraler Herausforderungen

Welche Kontaktpunkte sehen Sie zwischen der Zielgruppe und
dem Unternehmen, durch die sich potentielle Bewerber ein Bild
Ihres Unternehmens machen?

☐ Außendarstellung der Geschäftsräume

☐ Werbung

☐ "Hören - Sagen"

☐ Internetpräsenz und Website

☐ Social-Media Plattformen

☐ Veranstaltungen (Bsp.: Tag der offenen Tür)

☐ Sonstiges: _____

Abbildung A-11: Kontaktpunkte zwischen potentiellen Bewerbern und Unternehmen

Wo sehen Sie Kontaktpunkte der Mitarbeiter und der
Außendarstellung des Unternehmens?

☐ Bei Konsumenten

☐ Bei Lieferanten

☐ Bei Sub- und Nachunternehmen

☐ In der Öffentlichkeit

☐ Bei potentiellen Bewerbern

☐ Sonstiges: _____

Abbildung A-12: Kontaktpunkte von Mitarbeitern

Welche Rolle spielen die Mitarbeiter Ihres Unternehmens für die Außendarstellung?

	1	2	3	4	5	
Eine untergeordnete Rolle	○	○	○	○	○	Eine Hauptrolle

Abbildung A-13: Außendarstellung von Mitarbeitern

Zustandsanalyse

Welchen Stellenwert nehmen die folgenden personalwirtschaftlichen Themen in Ihrem Unternehmen zur Zeit ein?

Personalmarketing und -beschaffung

	1	2	3	4	5	
Sehr niedrig	○	○	○	○	○	Äußerst hoch

Personalentwicklung (inkl. Aus- und Weiterbildung)

	1	2	3	4	5	
Sehr niedrig	○	○	○	○	○	Äußerst hoch

Abbildung A-14: Stellenwert personalwirtschaftlicher Themen

Inwieweit wird Ihr Unternehmen, Ihrer Meinung nach, innerhalb der nächsten 2 Jahre von den folgenden Phänomenen betroffen sein?

Mangel an qualifizierten Schulabgängern

	1	2	3	4	5	
Gar nicht	○	○	○	○	○	Existenziell

Mangel an qualifizierten Hochschulabsolventen

	1	2	3	4	5	
Gar nicht	○	○	○	○	○	Existenziell

Mangel an qualifizierten Fachkräften

	1	2	3	4	5	
Gar nicht	○	○	○	○	○	Existenziell

Abbildung A-15: Fachkräftemangel, Generationswechsel und Wissensausscheidung

Mit welchen konkreten Auswirkungen des Fach- und Führungskräftemangels rechnen Sie in den kommenden 2 Jahren?

- ☐ Die Qualität der Projekte leidet
- ☐ Projekte müssen verschoben werden
- ☐ Potentielle Projekte/Aufträge müssen abgelehnt werden
- ☐ Innovationen schrumpfen
- ☐ Neue Märkte können nicht erschlossen werden
- ☐ Aufgaben und Projekte müssen vermehrt ausgelagert werden
- ☐ Überlastung der heutigen Mitarbeiter
- ☐ Sonstiges: _____

Abbildung A-16: Auswirkungen des Fach- und Führungskräftemangels

Employer Branding Entwicklung

Wie oder durch wen kam die Idee ein solches Konzept einzuführen?

Meine Antwort

Wie hat sich die bestehende Employer Branding Strategie bei Ihnen entwickelt?

Meine Antwort

Wer war in die Entwicklung der Strategie involviert?

☐ Lediglich interne Mitarbeiter

☐ Interne wie externe Beschäftigte

☐ Ausschließlich externe Beschäftigte

☐ Sonstiges:

Abbildung A-17: Entwicklung einer Employer Brand

Zielgruppenanalyse

Aus welchem Personenkreis sollen künftige Mitarbeiter stammen?

☐ Personen mit "einfachem" Schulabschluss

☐ Abiturienten

☐ Hochschulabsolventen (Bachelor)

☐ Hochschulabsolventen (Master)

☐ Personen mit abgeschlossener Berufsausbildung

☐ Personen mit weitreichenderer Berufsausbildung (Meister, Techniker)

☐ Geprüfte Poliere

☐ Sonstiges:

Abbildung A-18: Zielgruppenanalyse

Welche Erwartungen hat ein Wunschkandidat an seinen idealen Arbeitgeber?

☐ Abwechslungsreichen und verantwortungsvollen Tätigkeitsbereich

☐ Entwicklungsmöglichkeiten

☐ Spaß an der ausgeübten Tätigkeit

☐ Konstruktive Kritik durch Mitarbeiter und Vorgesetzte (Feedback)

☐ Weiterbildungsmöglichkeiten

☐ Angemessene Auslastung

☐ Wirtschaftlich stabile Situation des Arbeitgebers

☐ Gestaltungsspielraum bei der Umsetzung von Aufgaben

☐ Aktive Einbindung in Verbesserungsprozesse und Ideenentwicklungen für das Unternehmen

☐ Familienfreundliche Urlaubs- und Freistellungsregelungen

☐ "Freie" Arbeitszeitgestaltung

☐ Gute Vereinbarkeit von Familie und Beruf

☐ Angemessene Entlohnung

☐ Sonstiges:

Abbildung A-19: Erwartungen an den idealen Arbeitgeber

Wie erfolgreich sind die unten aufgeführten Personalbeschaffungsmaßnahmen zur Gewinnung neuer Mitarbeiter/innen?

Die Printanzeigen in Tages- und Fachmedien

	1	2	3	4	5	
Gar nicht erfolgreich	◯	◯	◯	◯	◯	Äußerst erfolgreich

Online-Anzeigen bei den Jobbörsen

	1	2	3	4	5	
Gar nicht erfolgreich	◯	◯	◯	◯	◯	Äußerst erfolgreich

Online-Anzeigen auf Ihrer Website

	1	2	3	4	5	
Gar nicht erfolgreich	◯	◯	◯	◯	◯	Äußerst erfolgreich

Abbildung A-20: Erfolg von Maßnahmen zur Personalgewinnung

Wie viele Bewerbungen erhalten Sie im Monat durchschnittlich?

☐ 0

☐ 1 - 5

☐ 5 - 25

☐ > 25

Inwieweit sind Sie mit der Anzahl sowie der Qualität der Bewerbungen und den Bewerbern an sich zufrieden?

	1	2	3	4	5	
Mehr als Zufrieden	◯	◯	◯	◯	◯	Total Unzufrieden

Abbildung A-21: Zufriedenheit über Anzahl und Qualität der Bewerbungen

Welche Gründe führen bei Ihnen im Unternehmen zur Nichtbesetzung von vakanten Stellen?

Mangel an geeigneten Bewerbungen

	1	2	3	4	5	
Eher nicht	○	○	○	○	○	Immer

Mangelnde Fachkompetenz der Bewerber

	1	2	3	4	5	
Eher nicht	○	○	○	○	○	Immer

Fehlende Sozialkompetenz der Bewerber

	1	2	3	4	5	
Eher nicht	○	○	○	○	○	Immer

Abbildung A-22: Begründung nichtbesetzter Stellen

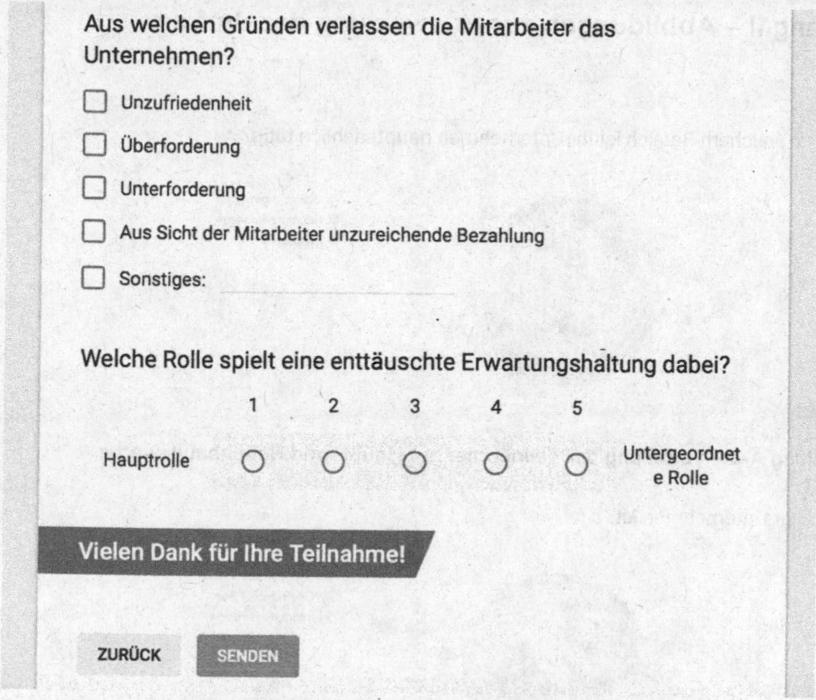

Aus welchen Gründen verlassen die Mitarbeiter das Unternehmen?

☐ Unzufriedenheit

☐ Überforderung

☐ Unterforderung

☐ Aus Sicht der Mitarbeiter unzureichende Bezahlung

☐ Sonstiges: _____

Welche Rolle spielt eine enttäuschte Erwartungshaltung dabei?

	1	2	3	4	5	
Hauptrolle	○	○	○	○	○	Untergeordnete Rolle

Vielen Dank für Ihre Teilnahme!

ZURÜCK SENDEN

Abbildung A-23: Begründung für das Ausscheiden von Mitarbeitern

Anhang II – Abbildungen zur Auswertung der Umfrage

In welchem Bereich ist Ihr Unternehmen hauptsächlich tätig? (14 Antworten)

Abbildung A-24: Verteilung der Teilnehmer auf Haupt- und Nebenbaugewerbe

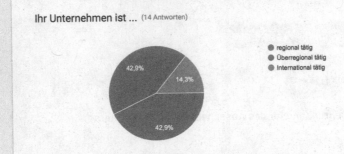

Ihr Unternehmen ist ... (14 Antworten)

Abbildung A-25: Verteilung der Teilnehmer auf Tätigkeitsbereich

Schnell, Nachhaltigkeit, Qualität

- Flexibel
- Familienorientiert
- Teamwork
- Vertrauen

Zuverlässig, Termintreu, Inhabergeführt, Hohe fachliche Kompetenz, Altbausanierer aber dennoch Alles-Könner am Dach

Dienstleistung Heizung Sanitär

- Familienunternehmen
- Vertrauen
- Flexibel
- Familienfreundlich

Ganzheitliche Unternehmenskultur - Zufriedene Mitarbeiter und Zufriedene Kunden

verlässlich

- Ehrgeizig
- Familienbewusst
- Bauen aus Leidenschaft

- Fleiß
- Engagement
- Ehrlichkeit

familiengeführtes Handwerksunternehmen mit Tradition und Erfahrung

Dienstleistungen, Steuerungstechnik, Montagen, Schaltanlagen, Automatisierungstechnik

klassischer Rohbau (Hochbau)

Handwerksunternehmen

Abbildung A-26: Wesensbeschreibungen der Unternehmungen

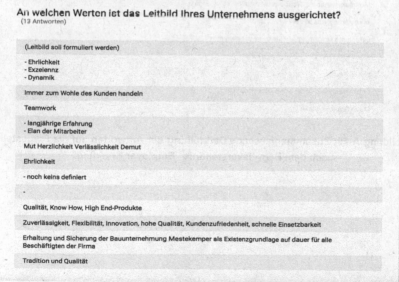

An welchen Werten ist das Leitbild Ihres Unternehmens ausgerichtet?
(13 Antworten)

(Leitbild soll formuliert werden)

- Ehrlichkeit
- Exzelennz
- Dynamik

Immer zum Wohle des Kunden handeln

Teamwork

- langjährige Erfahrung
- Elan der Mitarbeiter

Mut Herzlichkeit Verlässlichkeit Demut

Ehrlichkeit

- noch keins definiert

-

Qualität, Know How, High End-Produkte

Zuverlässigkeit, Flexibilität, Innovation, hohe Qualität, Kundenzufriedenheit, schnelle Einsetzbarkeit

Erhaltung und Sicherung der Bauunternehmung Mestekemper als Existenzgrundlage auf dauer für alle Beschäftigten der Firma

Tradition und Qualität

Abbildung A-27: Ausrichtung des Leitbildes

Arbeitsplatzsicherheit (12 Antworten)

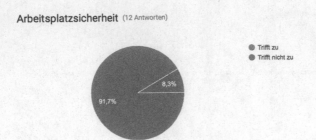

● Trifft zu
● Trifft nicht zu

8,3%

91,7%

Abbildung A-28: Einschätzung der Arbeitsplatzsicherheit

Was verstehen Sie unter dem Begriff Employer Branding? (12 Antworten)

Attraktivität von Unternehmens bezogen auf Mitarbeiter und potentielle Bewerber

- Markenbildung als attraktiver Arbeitgeber
- Definition als Arbeitgeber und klare Positionierung
- Öffentlichkeitsarbeit
- Unterscheidung zwischen Mitarbeitermarketing und Kundenmarketing

Firmenname wird zur Marke

Marke quälität

Das Unternehmen zu einer Marke ausbilden und die Mitarbeiter zu Imageträgern machen

Merkmale, warum ein Mitarbeiter bei uns arbeitet/ arbeiten will

keine Ahnung, was ist das?

Bekanntheit steigern um so Mitarbeiter zu bekommen

Mitarbeiter einstellen und langfristig halten

eigene "Marke"

Unternehmensmerkmale, Arbeitgebermerkmale

Meine Firma als Marke

Abbildung A-29: Zusammenfassende Darstellung der Antworten auf die Fragestellung nach dem Begriffsverständnis "Employer Branding"

Employer Branding ist wichtig und wird daher innerhalb der nächsten 2 Jahre umgesetzt
(14 Antworten)

Abbildung A-30: Ergebnisdarstellung aus abgebildetem Attribut

Employer Branding ist wichtig, daher haben wir bereits eine Strategie entwickelt
(14 Antworten)

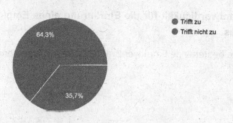

Abbildung A-31: Ergebnisdarstellung aus abgebildetem Attribut

Employer Branding ist wichtig, daher ist unsere Arbeitgebermarke bereits klar definiert
(14 Antworten)

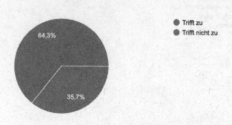

Abbildung A-32: Ergebnisdarstellung aus abgebildetem Attribut

Wie oder durch wen kam die Idee ein solches Konzept einzuführen?
(11 Antworten)

-

-

Geschäftsleitung, Betriebsrat

Eigene Erkenntnisse

Geschäftsführung (Junior)

Geschäftsleitung

Personalwesen

Wir haben keins

Geschäftsführung

Unternehmensberater, Hausbank, Steuerberater

Unternehmenberater

Abbildung A-33: Verantwortlichkeit für die Einführung eines Employer Branding Konzeptes

Wie hat sich die bestehende Employer Branding Strategie bei Ihnen entwickelt?
(10 Antworten)

-

-

- Schritt für Schritt Entwicklung (automatisiert)
- Anfangs mit dem Erstellen eines Leitbildes
- Geschichtlich (Familienfeste)
- Präsenz vor Ort (Unterstützung von ansässigen Sportvereinen)

IST NOCH NICHT GESCHEHEN

- bestehende Sachen wurden kommuniziert
- und darauf weiter aufgebaut
- 1. Marketing 2. Personal

positiv

erübrigt sich

noch gar nicht

gut

peu à peu

Abbildung A-34: Entwicklung der Employer Brand

Anhang III – Tabellen zur Auswertung der Umfrage

Name des Unternehmens	Führungs-kräfte	Hochschul-absolventen	Fachkräfte	Hilfskräfte	Auszu-bildende
xxx	5	8	5	15	2
xxx	0	3	5	0	15
xxx	1	3	5	2	0
xxx	2	0	4	4	4
xxx	1	0	3	1	4
xxx	2	2	13	5	12
xxx	3	0	5	2	14
xxx	0	0	10	0	12
xxx	1	0	0	1	4
xxx	0	2	4	3	2
xxx	2	0	6	2	2
xxx	1	0	5	0	6
xxx	2	0	3	0	1
Summe:	20	18	68	35	78

Tabelle A-1: Zusammenstellung des Bedarfs an Mitarbeitern

Leitfrage:	Stellenwert von personalwirtschaftlichen Themenfeldern				Betroffenheit des Unternehmens von abgefragten Attributen		
Name des Unternehmens:	Personal-entwicklung	Lohn & Gehalt	Arbeitszeiten	Personal-controlling	Überalterung der Belegschaft	Altersbedingtes Ausscheiden von Wissensträgern	Abwerbung von Leistungsträgern
z-e-n-s-i-e-r-t	2	4	4	3	1	4	3
z-e-n-s-i-e-r-t	4	3	2	2	1	1	3
z-e-n-s-i-e-r-t	5	4	3	2	3	3	6
z-e-n-s-i-e-r-t	5	5	2	3	3	4	5
z-e-n-s-i-e-r-t	4	4	3	3	2	4	5
z-e-n-s-i-e-r-t	4	4	4	3	4	3	4
z-e-n-s-i-e-r-t	5	3	4	4	5	5	4
z-e-n-s-i-e-r-t	3	4	4	1	5	5	2
z-e-n-s-i-e-r-t	3	2	3	3	4	4	3
z-e-n-s-i-e-r-t	4	4	4	2	2	3	4
z-e-n-s-i-e-r-t	3	5	3	3	3	4	5
z-e-n-s-i-e-r-t	4	3	5	5	3	1	2
z-e-n-s-i-e-r-t	4	4	3	4	4	4	2
z-e-n-s-i-e-r-t	3	4	4	2	2	3	1

Tabelle A-2: Abhängigkeit zwischen Stellenwert von personalwirtschaftlichen Themen in Relation von der Betroffenheit von Abwerbungen der Mitarbeiter

Bruttolohnerhöhung		Gehaltsanpassung über Sachbezüge	
Bisheriges Bruttoentgelt	2.500,00 €	Bisheriges Bruttoentgelt	2.500,00 €
Gehaltserhöhung	40,00 €	Gehaltserhöhung	44,00 €
Steuern	+ 11,45 €	Steuern	0,00 €
Sozialabgaben	+ 8,17 €	Sozialabgaben	0,00 €
Nettoeffekt Mitarbeiter	+ 20,38 €	Nettoeffekt Mitarbeiter	44,00 €
Kosten für den Arbeitgeber	+ 48,17 €	Kosten für den Arbeitgeber	44,00 €

Tabelle A-3: Unterschied zwischen den Auswirkungen von Bruttolohnerhöhungen und Gehaltsanpassung über Sachbezüge

Leitfrage: Name des Unternehmens:	Betroffenheit des Unternehmens von abgefragten Attributen			Erfolg von ausgeführten Personalbeschaffungsmaßnahmen			
	Mangel an qualifizierten Hochschulabsolventen	Mangel an qualifizierten Fachkräften	Mangel an qualifizierten Führungskräften	Die Printanzeigen in Tages- und Fachmedien	Online-Anzeigen bei den Jobbörsen	Online-Anzeigen auf Ihrer Website	Kooperation zu Berufsbildenden- und Hochschulen
z-e-n-s-i-e-r-t	4	5	5	2	4	4	1
z-e-n-s-i-e-r-t	1	5	3	3	4	4	3
z-e-n-s-i-e-r-t	1	4	2	3	2	2	4
z-e-n-s-i-e-r-t	2	5	3	5	3	5	3
z-e-n-s-i-e-r-t	3	3	4	3	3	4	5
z-e-n-s-i-e-r-t	4	4	4	3	3	4	4
z-e-n-s-i-e-r-t	3	4	5	4	3	4	4
z-e-n-s-i-e-r-t	1	5	5	1	1	1	1
z-e-n-s-i-e-r-t	3	4	3	3	2	4	4
z-e-n-s-i-e-r-t	3	5	3	3	2	5	1
7-e-n-s-i-e-r-t	1	4	4	2	3	2	4
z-e-n-s-i-e-r-t	1	5	3	1	5	4	
z-e-n-s-i-e-r-t	4	5	4	4	3	1	2
z-e-n-s-i-e-r-t	1	5	1	3	2	1	

Tabelle A-4: Abhängigkeit des Erfolges von Personalbeschaffungsmaßnahmen auf die Betroffenheit von abgefragten Attributen

Anhang IV – Anschreiben

Erst-Anschreiben der Handwerksbetriebe

Sehr geehrte Damen und Herren,

gerne würde ich mich im Kurzen bei Ihnen vorstellen. Mein Name ist Jochen Heming.
Neben meiner Tätigkeit als wissenschaftlicher Mitarbeiter an der Fachhochschule Münster,
studiere ich Bauingenieurwesen im 6. Fachsemester des Masterstudiengangs. Im Rahmen
meiner abschließenden Masterarbeit, welche durch Frau Prof. Dr.-Ing. Strotmann sowie
durch die Handwerkskammer Münster betreut und begleitet wird, beschäftige ich mich mit
dem Thema Employer Branding.
Das Thema der Masterthesis lautet „Arbeitgebermarke (Employer Branding) in
Handwerksbetrieben der Baubranche." Im Rahmen dieser Arbeit geht es darum, einen
Zusammenhang zwischen Theorie und Praxis, hinsichtlich der Ausbildung einer
Arbeitgebermarke, herzustellen. Hierbei werden schwerpunktmäßig kleine und
mittelständische Unternehmen der Baubranche betrachtet.
Dafür ist es für mich von großer Bedeutung erst einmal einen IST-Zustand festzustellen.
Dieser soll mir im Anschluss einen Aufschluss darüber geben, in wie weit sich Unternehmen
der Baubranche bereits mit der Thematik auseinandergesetzt haben oder welche
Maßnahmen bisher eingeleitet wurden. Nicht weniger entscheidend für das Ergebnis meiner
Abschlussarbeit ist, welche Maßnahmen eben noch nicht eingeleitet wurden oder auch nicht
bekannt sind.
Ziel meiner Masterarbeit soll sein, einen Abgleich von Theorie zur Praxis zu schaffen. Dieser
soll aufzeigen, welche theoretischen Maßnahmen zu welchen praktischen Erfolgen führen.
Daraus sollte sich im besten Falle eine Checkliste entwickeln lassen, mit der die
Handwerkskammer Münster weiterarbeiten und beraten kann.
Um einen größtmöglichen Kenntnisstand und ein repräsentatives Ergebnis zu erlangen, ist
es für mich von entscheidender Bedeutung, ein repräsentatives Ergebnis der entwickelten
Umfrage zu bekommen. Dazu habe ich bereits selber zahlreiche Firmen angeschrieben und
war auch persönlich schon bei vielen Firmen um den Fragebogen in Form eines Audits
durchzugehen. Leider ist die Anzahl der ausgefüllten online-Fragebögen sehr gering,
weshalb ich mit dem Anliegen an Sie herantreten möchte.

Da Sie über engste Kontakte zum Baugewerbe verfügen, würde ich Sie um Ihre Hilfe bitten.
Wäre es Ihnen möglich eine E-Mail, die ich Ihnen gerne verfasse, an einen Verteiler zu
verschicken, in der Hoffnung, hier noch weitere Ergebnisse für meine Masterthesis zu
bekommen?

Einen Link der Online-Umfrage habe ich Ihnen zuvor ebenfalls angehangen, dass auch Sie
sich einen Überblick darüber verschaffen können, dass es sich bei der Umfrage um eine
seriöse und wissenschaftliche Umfrage handelt. Selbstverständlich werden alle Daten streng
vertraulich behandelt.

Hier geht es zur Online-Umfrage

Ich bedanke mich recht herzlich für Ihre Aufmerksamkeit und die damit verbundenen
Bemühungen und freue mich darauf, von Ihnen zu hören.
Falls Sie Interesse an den Ergebnissen der Umfrage sowie an einer Kopie der Masterthesis
haben, sende ich Ihnen diese selbstverständlich gerne zu.
Für Rückfragen stehe ich Ihnen jederzeit gerne zur Verfügung.

Mit freundlichen Grüßen
Jochen Heming B. Eng.
Wissenschaftlicher Mitarbeiter
Fachbereich Bauingenieurwesen
Fachhochschule Münster
- University of Applied Sciences -
Corrensstraße 25, Raum C214
48149 Münster
Tel: +49 251 83-65157
Email: jochen.heming@fh-muenster.de

Erinnerungsanschreiben der Handwerksbetriebe

Sehr geehrte Damen und Herren,

vor einiger Zeit bin ich bereits an Ihr Unternehmen herangetreten und habe Sie darum
gebeten an einer Umfrage, bei dem es um das Thema Employer Branding geht,
teilzunehmen. Da ich als gelernter Tischler vollstes Verständnis für die zeitlich enge Situation
von Unternehmen im Handwerk habe, gehe ich davon aus, dass sie lediglich noch keine Zeit
dazu gefunden haben.

Da die Umfrage das Ergebnis meiner Masterthesis weitreichend beeinflusst, bin ich auf eine
zahlreiche Teilnahme der Umfrage wirklich angewiesen. Ich würde mich daher sehr freuen,
wenn Sie sich die Zeit nehmen würden, diese auszufüllen.

Hier geht es zur Online-Umfrage

Ich bedanke mich nochmals recht herzlich für Ihre Aufmerksamkeit und die damit
verbundenen Bemühungen und freue mich darauf, von Ihnen zu hören.
Falls Sie Interesse an den Ergebnissen der Umfrage sowie an einer Kopie der Masterthesis
haben, sende ich Ihnen diese gerne zu.
Für Rückfragen stehe ich Ihnen jederzeit gerne zur Verfügung.

Mit freundlichen Grüßen
Jochen Heming B. Eng.

Wissenschaftlicher Mitarbeiter
Fachbereich Bauingenieurwesen
Fachhochschule Münster
- University of Applied Sciences -
Corrensstraße 25, Raum C217
48149 Münster
Tel: +49 251 83-65157
Email: jochen.heming@fh-muenster.de

Anschreiben der Innungen und Handwerkskammern

Sehr geehrte Damen und Herren,

gerne würde ich mich im Kurzen bei Ihnen vorstellen. Mein Name ist Jochen Heming.
Neben meiner Tätigkeit als wissenschaftlicher Mitarbeiter an der Fachhochschule Münster,
studiere ich Bauingenieurwesen im 6. Fachsemester des Masterstudiengangs. Im Rahmen
meiner abschließenden Masterarbeit, welche durch Frau Prof. Dr.-Ing. Strotmann sowie
durch die Handwerkskammer Münster betreut und begleitet wird, beschäftige ich mich mit
dem Thema Employer Branding.
Das Thema der Masterthesis lautet „Arbeitgebermarke (Employer Branding) in
Handwerksbetrieben der Baubranche." Im Rahmen dieser Arbeit geht es darum, einen
Zusammenhang zwischen Theorie und Praxis, hinsichtlich der Ausbildung einer
Arbeitgebermarke, herzustellen. Hierbei werden schwerpunktmäßig kleine und
mittelständische Unternehmen der Baubranche betrachtet.
Dafür ist es für mich von großer Bedeutung erst einmal einen IST-Zustand festzustellen.
Dieser soll mir im Anschluss einen Aufschluss darüber geben, in wie weit sich Unternehmen
der Baubranche bereits mit der Thematik auseinandergesetzt haben oder welche
Maßnahmen bisher eingeleitet wurden. Nicht weniger entscheidend für das Ergebnis meiner
Abschlussarbeit ist, welche Maßnahmen eben noch nicht eingeleitet wurden oder auch nicht
bekannt sind.
Ziel meiner Masterarbeit soll sein, einen Abgleich von Theorie zur Praxis zu schaffen. Dieser
soll aufzeigen, welche theoretischen Maßnahmen zu welchen praktischen Erfolgen führen.
Daraus sollte sich im besten Falle eine Checkliste entwickeln lassen, mit der die
Handwerkskammer Münster weiterarbeiten und beraten kann.
Um einen größtmöglichen Kenntnisstand zu erlangen, würde ich mich über ein persönliches
Gespräch, in dem ich Ihnen einige Fragen zur Thematik stellen kann, sehr freuen. Gerne
komme ich dazu zu Ihnen in die Firma. Eine solche Befragung wird in der Regel nicht länger
als 30 Minuten dauern und keinerlei Betriebsinterna preisgeben. Selbstverständlich werden
auch die datenschutzrechtlichen Richtlinien eingehalten.
Für den Fall, dass Sie zu einem persönlichen Gespräch nicht bereit sind, oder die terminliche
Situation dies momentan nicht zulässt, schicke ich Ihnen mit dieser Mail einen Link für einen
Onlinefragebogen. Ich würde mich in diesem Fall sehr darüber freuen, wenn Sie sich die Zeit
nehmen würden, diesen zu beantworten.

Hier geht es zur Online-Umfrage

Ich bedanke mich recht herzlich für Ihre Aufmerksamkeit und die damit verbundenen
Bemühungen und freue mich darauf, von Ihnen zu hören.
Falls Sie Interesse an den Ergebnissen der Umfrage sowie an einer Kopie der Masterthesis
haben, sende ich Ihnen diese selbstverständlich gerne zu.
Für Rückfragen stehe ich Ihnen jederzeit gerne zur Verfügung.

Mit freundlichen Grüßen
Jochen Heming B. Eng.
Wissenschaftlicher Mitarbeiter
Fachbereich Bauingenieurwesen
Fachhochschule Münster
- University of Applied Sciences -
Corrensstraße 25, Raum C214
48149 Münster
Tel: +49 251 83-65157
Email: jochen.heming@fh-muenster.de

Printed in the United States
By Bookmasters